建筑 市政 公路工程模架图集

（Q CJJT—MJ01—2012）

北京城建集团　编著

中国建筑工业出版社

图书在版编目（CIP）数据

建筑 市政 公路工程模架图集（Q CJJT—MJ01—2012）/
北京城建集团编著 . —北京：中国建筑工业出版社，2012.7
ISBN 978-7-112-14437-2

I. ①建… II. ①北… III. ①建筑工程-工程施工-图集
②市政工程-道路施工-图集 IV. ①TU74-64②U415.12-64

中国版本图书馆 CIP 数据核字（2012）第 139538 号

责任编辑：张伯熙 郦锁林
责任设计：董建平
责任校对：张 颖 刘 钰

建筑 市政 公路工程模架图集
（Q CJJT—MJ01—2012）
北京城建集团 编著

*

中国建筑工业出版社出版、发行（北京西郊百万庄）
各地新华书店、建筑书店经销
北京千辰公司制版
北京富生印刷厂印刷

*

开本：787×1092毫米 横1/16 印张：14½ 字数：347千字
2013年2月第一版 2013年2月第一次印刷
定价：58.00元
ISBN 978-7-112-14437-2
（22493）

编委会成员

前　言

近年来，模架工程安全事故时有发生，模架工程方案设计越来越受到建设、施工、监理等各方的高度重视，模架工程装备和施工应用水平一定程度上代表了施工企业技术管理能力，优秀的模架设计及应用是保证工程安全质量，加快进度和降低成本的重要手段，也直接影响着施工企业的经济效益和社会效益。因此，一些工具书应运而生，但大多以文字为主，类似模架施工图方面的工具书很少，市场迫切需要各类工程的模架施工图工具书。

北京城建集团有限责任公司近年来承建了以国家体育场、国家体育馆、首都机场、国家大剧院、奥运村、银泰中心等为代表的一批重大工程项目，其模架工程施工具有技术含量高、建筑类别广泛的特点，在施工过程中积累了丰富的模架工程施工经验，为了提高模架工程施工技术方案编制水平，北京城建集团模架工程专业委员会组织编制了本图集。

本图集为模架工程工具书，主要内容涵盖了建筑、市政、公路工程各类现浇混凝土结构不同模架体系的施工应用。各类模架工程施工图均包括平面图，立面图，剖面图和相关节点的构造详图。常用施工工艺的模架工程的规范化设计，有助于提高现场施工技术人员模架工程安全专项施工方案编制水平，减少技术人员的重复劳动，对提高模架工程施工的安全与质量有着重要作用。

本图集贯彻执行现行国家、行业和地方标准，积极吸收采用新型的模架技术和产品，紧密结合工程施工实际，在保证施工安全的条件下，力争做到技术先进，可操作性强。

本图集由北京城建集团模架工程专业委员会组织，北京城建建设工程有限责任公司、北京城建二建设工程有限公司、北京城建四建设工程有限公司、北京城建五建设工程有限公司、北京城建亚泰建设工程有限公司、北京城建道桥建设集团有限公司、北京城建赫然建筑新技术有限公司等单位的有关技术人员参加了编写工作，北京城建集团模架工程专业委员会对本图集进行了多次修改审定。为在本图集中充分体现新技术、新材料的应用，北京卓良模板有限公司提供了大量技术资料。在此表示感谢。

本图集为北京城建集团企业标准，可供施工企业、模架专业公司编制模架设计施工方案、进行技术交底、指导施工生产、组织技术培训等参考使用。

由于编者水平有限，本图集难免存在不足和错误之处，恳请提出批评指导意见，以便改进。

2012 年 4 月

图集总说明

1. 本图集适用于建筑、市政、公路工程等现浇混凝土结构施工的模架工程施工图设计。

2. 本图集设计遵循的基本原则是：施工安全、保证质量、技术先进、经济合理。

本图集以模架施工图为主，每一单元或产品设计包括模架施工平、立、剖面图和构造节点详图。所选用的模架施工图均具有一定的代表性，既结合经验及传统做法，又融入先进技术。模架施工图设计时既充分考虑了模架的承载能力、刚度和稳定性，又特别注重模板及其支撑架细部设计，有效提高混凝土结构的成型质量。设计力求做到：构造简单、装拆方便、改装容易、储运方便，便于钢筋的绑扎、安装和混凝土的浇筑、养护等。

本图集每张模架设计图均以典型工程实例为基础，按比例绘制，出版时隐去部分特定设计数据，但按规范强制性要求标注了构造及必要的安全尺寸（未标明单位的尺寸均以 mm 计），参照使用时应结合工程实际进行针对性设计，在确保安全、质量、工期前提下，优选通用性强、周转率高、支拆用工少、模板自重轻的模架产品，减少一次性投入，达到技术经济指标合理的要求。

3. 本图集以现行通用的模架产品和施工工艺为主，依据现行的国家、行业标准规范编写，分建筑和市政公路两部分，其中墙体和柱模板一般采用组合钢模板、钢大模板、木胶合板模板等；顶板模板通常采用木胶合板模板，主次龙骨采用方木、型钢和木工字梁等；脚手架和支撑架常规采用扣件式、碗扣式及盘销式钢管脚手架等。在高层建筑、桥梁结构施工中，本图集重点针对液压爬升模板、液压滑动模板、台模、挂篮等施工工艺进行了模架设计。

目　录

第七章　道路工程模架

第一部分

建筑工程

第一章

墙体模板

1.1 墙体模板说明

一、适用范围

适用于现浇混凝土工程的墙体模板施工。

二、技术要求

1. 根据工程实际需要，墙体模板可采用木胶合板模板、组合钢模板、钢大模板、钢木组合大模板、塑料模板等。模板材质必须满足规范要求，模板及其支架应具有足够的承载力、刚度和稳定性。

2. 根据混凝土的施工工艺、构件截面尺寸和季节性施工措施等确定模板构造和所承受的荷载，绘制配板设计图、支撑设计布置图、细部构造节点详图。

3. 按照模板承受荷载的最不利组合对模板进行设计计算，包括模板的抗弯强度、抗剪强度和挠度、内外背楞的强度和挠度、对拉螺栓的强度等。

三、注意事项

1. 墙体模板配模高度宜按以下原则确定：内墙模板高度及外墙模板中的内板高度＝层高－顶板厚（或梁高）＋30mm；外墙模板中的外板高度＝内板高度＋50mm，安装时外板下挂墙体50mm，防止错台漏浆。

2. 具有抗渗要求的墙体采用三节式止水对拉螺栓，其他墙体采用普通对拉螺栓，直径和间距根据具体计算确定。

3. 清水混凝土模板对拉螺栓孔应做专项设计，原则为对称布置，排布美观，当不能或不需设置对拉螺栓时，应设置假眼。明缝应设在施工缝处，明缝、蝉缝水平方向应交圈，竖向应顺直有规律。外墙模板分块宜以轴线或门窗口中线为对称中心线，内墙模板分块宜以墙中线为对称中心线。阴角模与大模板之间不宜留有调节余量，确需留置宜采用明缝方式处理。

	墙体模板说明			图号	1.1.1
BUCG	设计	宇北民	制图	庞小风	审核	李晓春

1.2 组合钢模板

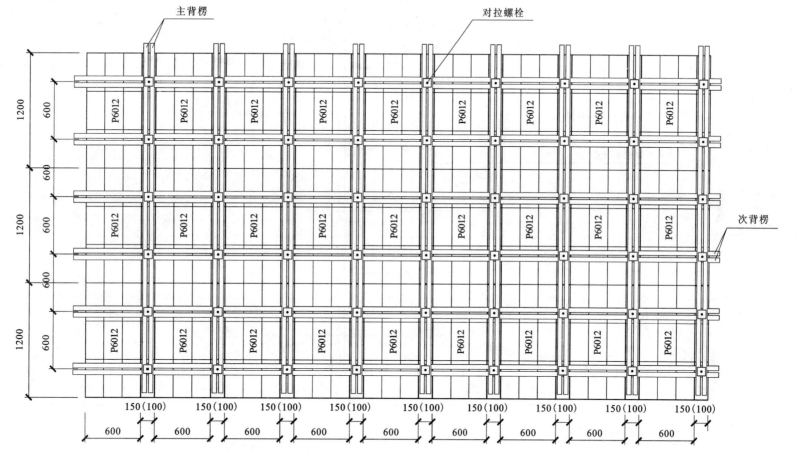

注：1. 对拉螺栓间距为750（700）mm×600mm，对拉螺栓一般采用φ12~φ16，具体根据计算确定。

2. 模板的宽度和高度可根据墙高和墙长需要调整。

3. 拼缝板与标准板错缝布置。

4. 主背楞可采用双50mm×100mm方钢管，次背楞可采用双排φ48钢管，
　 也可采用其他材料替换。

	组合钢模板立面图		图号	1.2.1
设计	宇北国	制图	庞小可	审核	李瑞丰

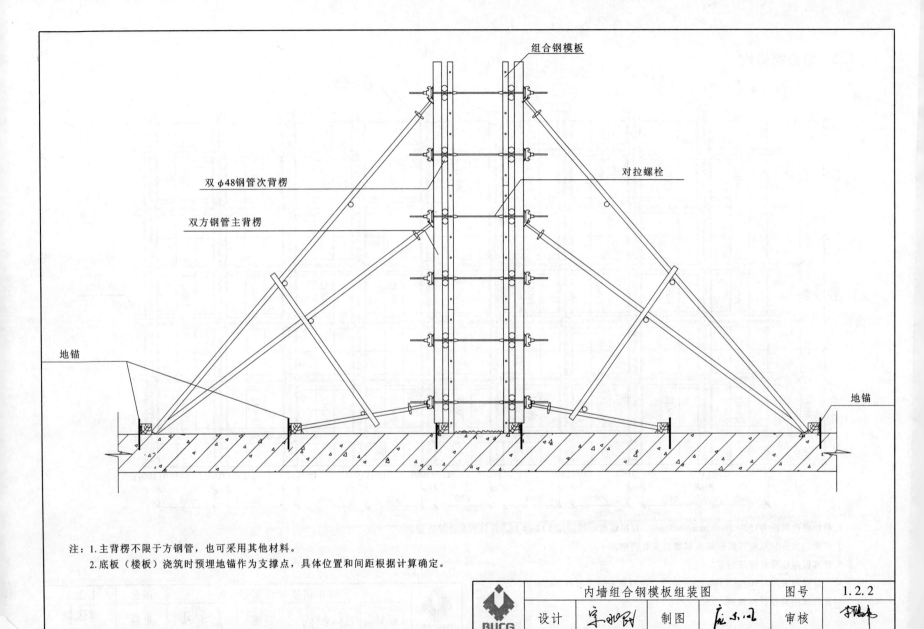

组合钢模板

双 φ48钢管次背楞

双方钢管主背楞

对拉螺栓

地锚

地锚

注：1.主背楞不限于方钢管，也可采用其他材料。
　　2.底板（楼板）浇筑时预埋地锚作为支撑点，具体位置和间距根据计算确定。

	内墙组合钢模板组装图			图号	1.2.2
BUCG	设计	制图		审核	

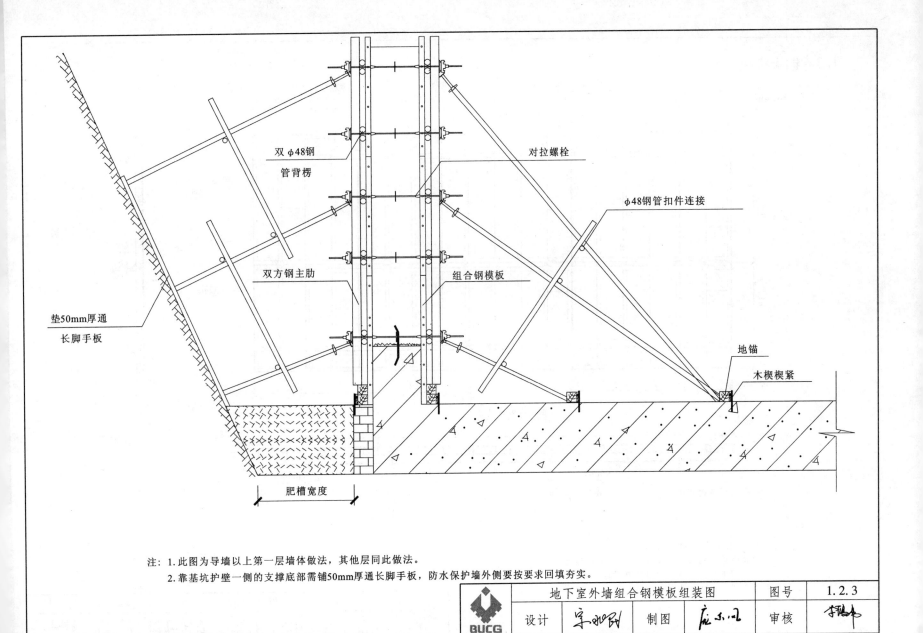

双 φ48钢
管背楞

对拉螺栓

φ48钢管扣件连接

双方钢主肋

组合钢模板

垫50mm厚通
长脚手板

地锚

木楔楔紧

肥槽宽度

注：1. 此图为导墙以上第一层墙体做法，其他层同此做法。
    2. 靠基坑护壁一侧的支撑底部需铺50mm厚通长脚手板，防水保护墙外侧要按要求回填夯实。

	地下室外墙组合钢模板组装图			图号	1.2.3
BUCG	设计	宇水民	制图	审核	李瑞华

1.3 钢大模板

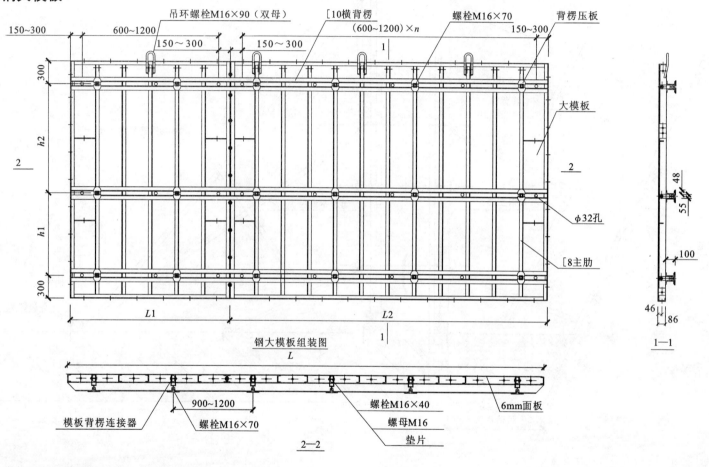

吊环螺栓M16×90（双母）　　[10横背楞　　　螺栓M16×70　　背楞压板
600~1200　　　　　　（600~1200）×n

150~300　　　　150~300　　　　　　150~300

大模板

φ32孔

[8主肋

钢大模板组装图
L

模板背楞连接器　　　　900~1200　　　　螺栓M16×40　　6mm面板
螺栓M16×70　　　　螺母M16
垫片

2—2

注：1. h1、h2、L尺寸根据计算确定。
　　2. 对拉螺栓采用 φ30→φ28（φ26）变径螺栓。
　　3. 吊环根据模板尺寸、重量计算确定。
　　4. 本图尺寸以86系列钢大模板为例。

	钢大模板组装图		图号	1.3.1
设计	制图		审核	

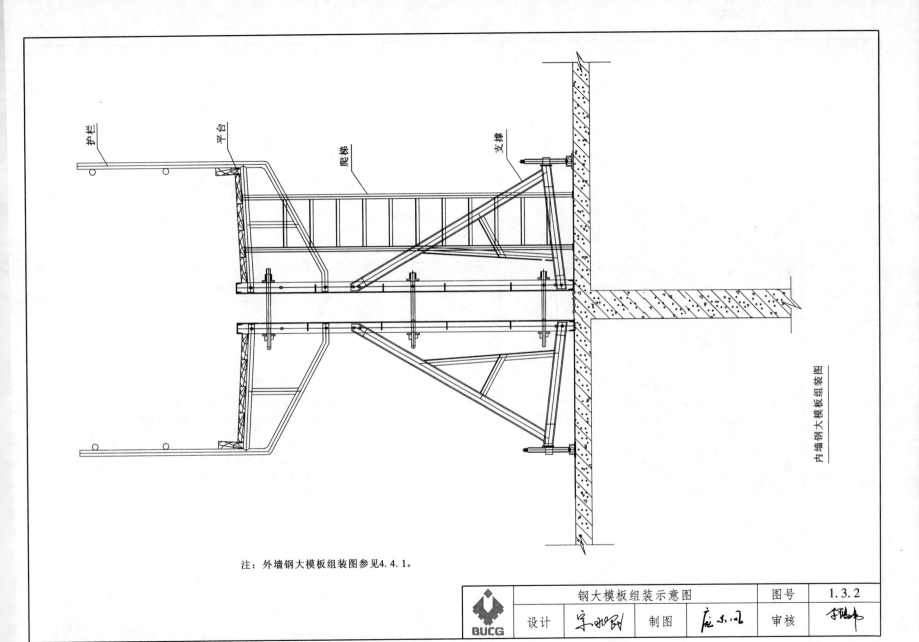

护栏　平台　爬梯　支撑

内墙钢大模板组装图

注：外墙钢大模板组装图参见4.4.1。

	钢大模板组装示意图	图号	1.3.2
设计	制图	审核	

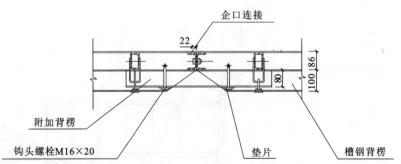

企口连接

22

附加背楞

钩头螺栓M16×20

垫片

槽钢背楞

98(86)

80

100(88)

钢大模板连接示意图

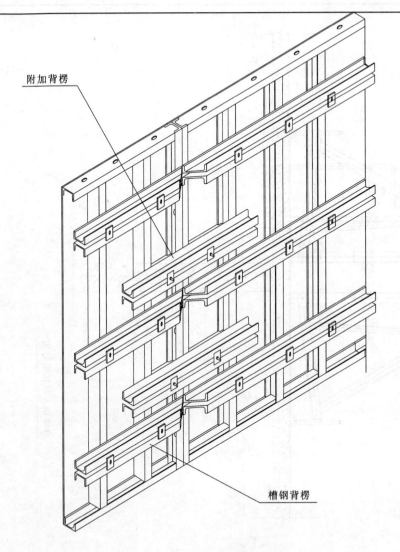

附加背楞

槽钢背楞

钢大模板三维示意图

注：1.本图以86系列钢大模板为例进行尺寸标注。
2.为保证组拼模板平整度,先将两块模板用标
准件连接,再用附加背楞通过钩头螺栓把附
加背楞和模板连接在一起,其作用是保证
组拼模板的平整度。
3.背楞常采用[10、[8槽钢。

	钢大模板连接示意图	图号	1.3.3
BUCG	设计	制图	审核

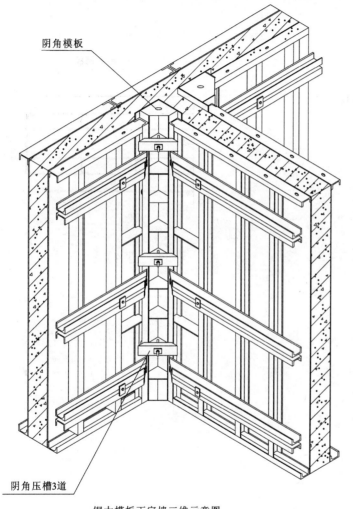

阴角模板

阴角压槽3道

钢大模板丁字墙三维示意图

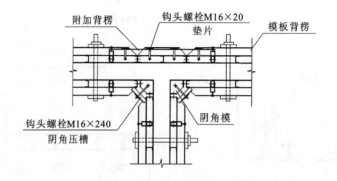

附加背楞　　钩头螺栓M16×20　　垫片　　模板背楞

钩头螺栓M16×240
阴角压槽

阴角模

丁字墙节点示意图

注：1.本图以86系列钢大模板为例进行尺寸标注。
　　2.背楞常采用[8、[10槽钢。

钢大模板丁字墙节点示意图	图号	1.3.4
设计	制图	审核

11

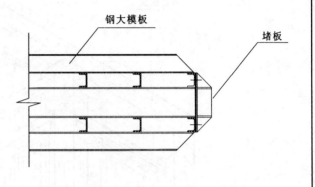

钢大模板

堵板

一字墙节点

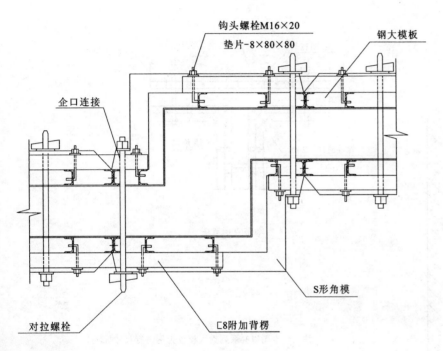

钩头螺栓M16×20

垫片-8×80×80

钢大模板

企口连接

对拉螺栓

□8附加背楞

S形角模

S形墙体节点

	钢大模板节点示意图	图号	1.3.5
BUCG	设计	制图	审核

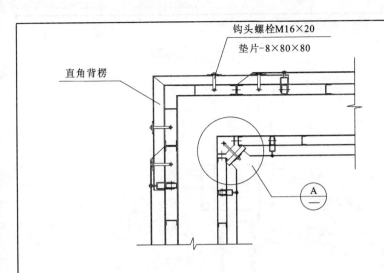

钩头螺栓M16×20
垫片-8×80×80
直角背楞

A

小阴角模板节点

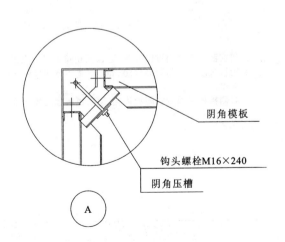

阴角模板

钩头螺栓M16×240

阴角压槽

A

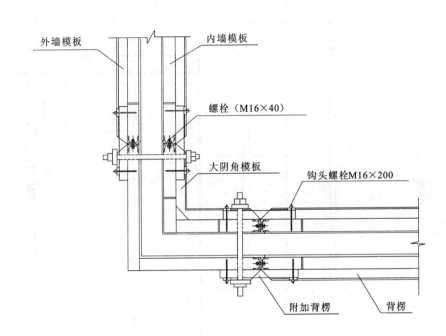

外墙模板
内墙模板

螺栓（M16×40）

大阴角模板

钩头螺栓M16×200

附加背楞
背楞

大阴角模板节点

	墙体角模节点示意图		图号	1.3.6
BUCG	设计	制图	审核	

13

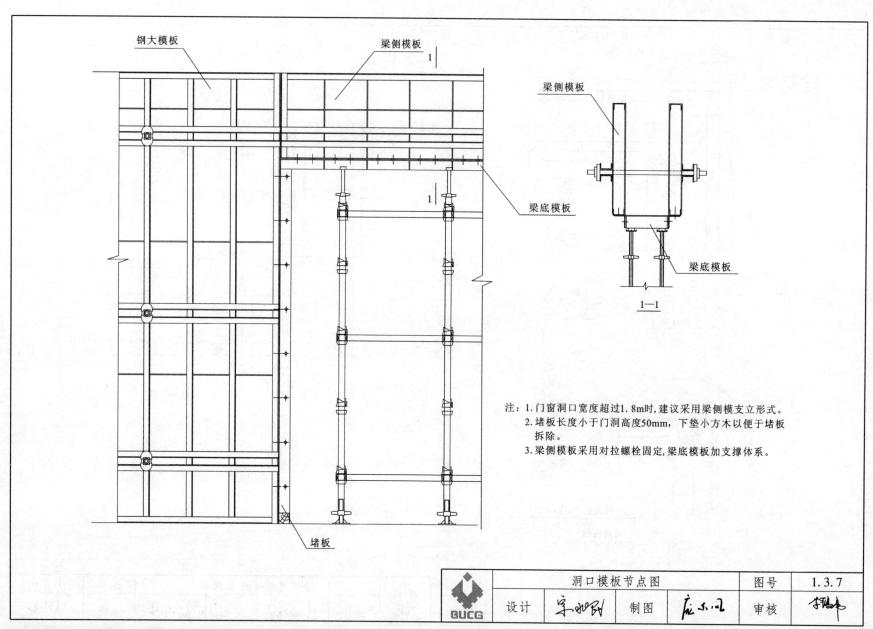

钢大模板　　　　　　　　梁侧模板

梁侧模板

梁底模板

梁底模板

1—1

注：1.门窗洞口宽度超过1.8m时,建议采用梁侧模支立形式。
　　2.堵板长度小于门洞高度50mm,下垫小方木以便于堵板
　　　拆除。
　　3.梁侧模板采用对拉螺栓固定,梁底模板加支撑体系。

堵板

洞口模板节点图	图号	1.3.7
设计　　　　　制图　　　　　　审核		

1.4 钢木模板

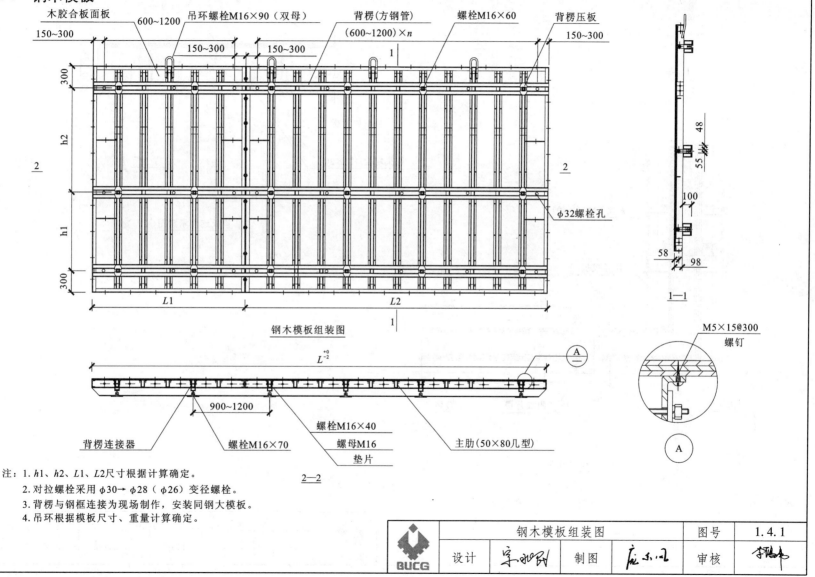

木胶合板面板
吊环螺栓M16×90（双母）
背楞(方钢管)
(600~1200)×n
螺栓M16×60
背楞压板

600~1200
150~300
150~300
150~300
150~300

300
h2
h1
300

L1
L2

φ32螺栓孔

钢木模板组装图

1—1

48
55
100
58
98

M5×15@300
螺钉

L^{+0}_{-2}

900~1200
背楞连接器
螺栓M16×70
螺栓M16×40
螺母M16
垫片
主肋(50×80几型)

2—2

A

注：1. h1、h2、L1、L2尺寸根据计算确定。
2. 对拉螺栓采用 φ30→ φ28（φ26）变径螺栓。
3. 背楞与钢框连接为现场制作，安装同钢大模板。
4. 吊环根据模板尺寸、重量计算确定。

	钢木模板组装图		图号	1.4.1
设计	制图		审核	

15

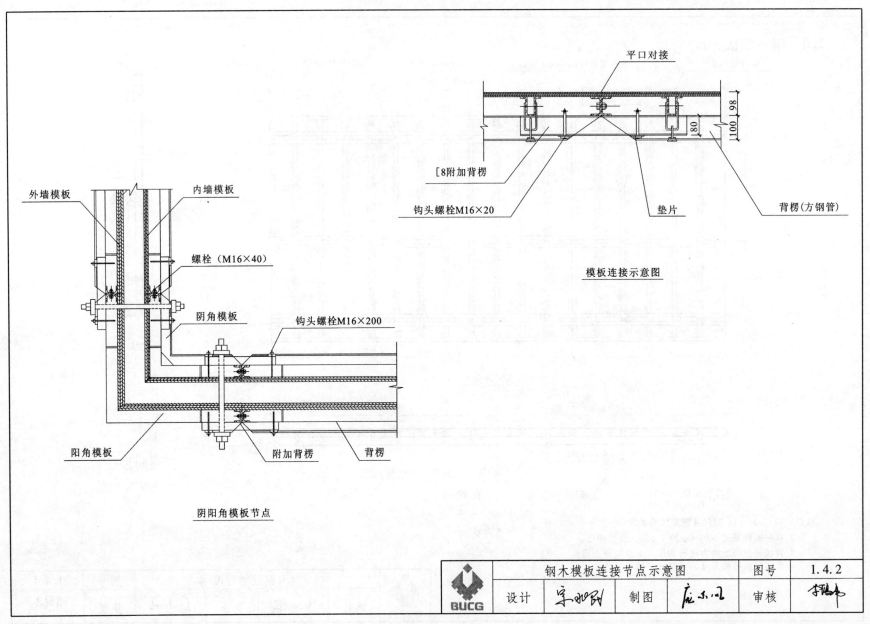

平口对接

[8附加背楞

钩头螺栓M16×20

垫片

背楞(方钢管)

模板连接示意图

外墙模板

内墙模板

螺栓（M16×40）

阴角模板

钩头螺栓M16×200

阳角模板

附加背楞

背楞

阴阳角模板节点

钢木模板连接节点示意图		图号	1.4.2
设计	制图	审核	

1.5 木工字梁模板

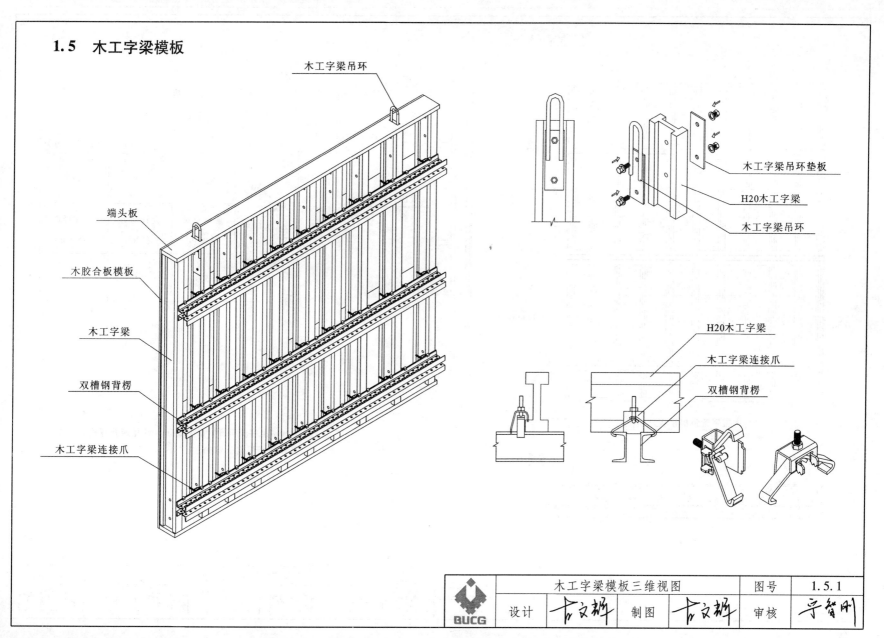

木工字梁吊环

端头板

木胶合板模板

木工字梁

双槽钢背楞

木工字梁连接爪

木工字梁吊环垫板

H20木工字梁

木工字梁吊环

H20木工字梁

木工字梁连接爪

双槽钢背楞

	木工字梁模板三维视图	图号	1.5.1
BUCG	设计	制图	审核

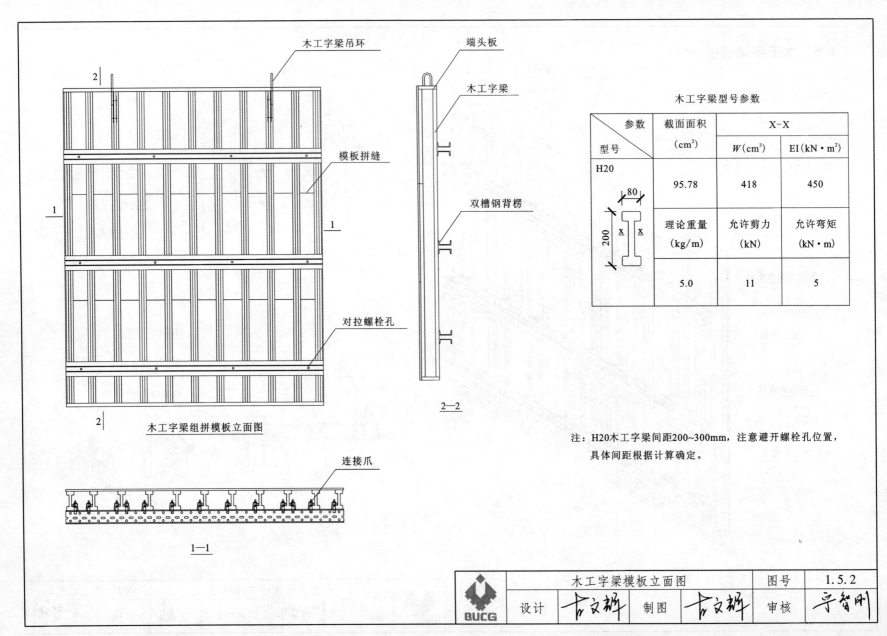

木工字梁组拼模板立面图

1—1

2—2

木工字梁型号参数

参数 型号	截面面积 （cm²）	X-X	
		W（cm³）	EI（kN・m²）
H20	95.78	418	450
	理论重量 （kg/m）	允许剪力 （kN）	允许弯矩 （kN・m）
	5.0	11	5

注：H20木工字梁间距200~300mm，注意避开螺栓孔位置，
　　具体间距根据计算确定。

标注：木工字梁吊环、模板拼缝、对拉螺栓孔、连接爪、端头板、木工字梁、双槽钢背楞

木工字梁模板立面图		图号	1.5.2
设计	制图	审核	

18

1.6 木模板

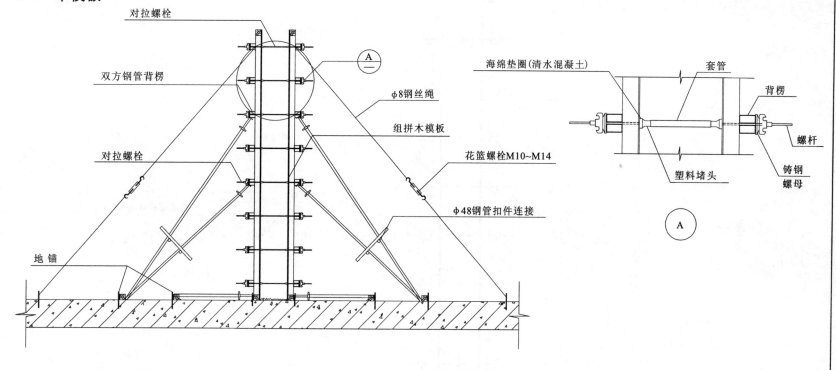

内墙木模板组装图

注 ： 1.墙体模板配模高度：模板高度=层高-顶板厚(或梁高)+30mm。
　　 2.对拉螺栓直径一般为φ12~φ16，间距一般为600~800mm，
　　　 具体根据计算确定。
　　 3.背楞不限于方钢管50mm×100mm×3mm，可以采用φ48钢管等其他材料替换。
　　 4.具有抗渗要求墙体采用止水对拉螺栓，其他墙体采用普通对拉螺栓
　　　 (外套塑料套管，人防要求墙体除外)。

内墙木大模板组装图					图号	1.6.1
	设计	宇北民	制图	庞小工	审核	李建平

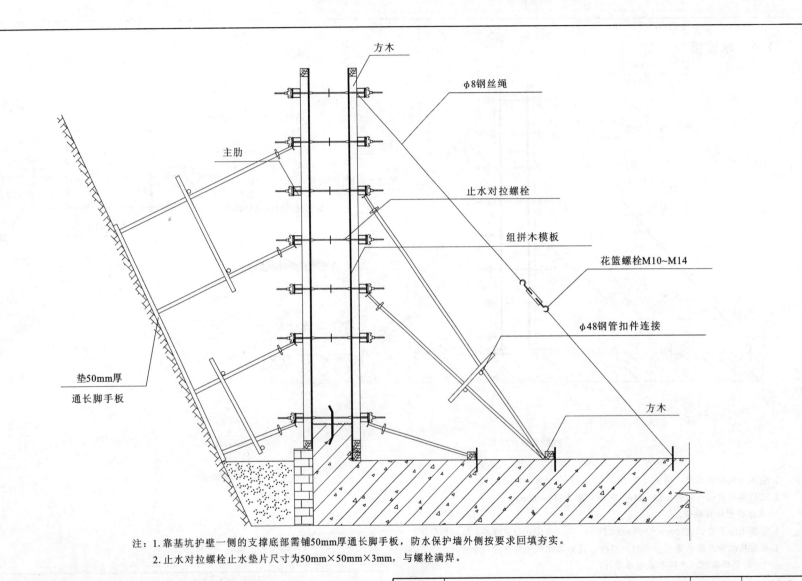

方木

φ8钢丝绳

主肋

止水对拉螺栓

组拼木模板

花篮螺栓M10~M14

φ48钢管扣件连接

垫50mm厚
通长脚手板

方木

注：1. 靠基坑护壁一侧的支撑底部需铺50mm厚通长脚手板，防水保护墙外侧按要求回填夯实。
　　2. 止水对拉螺栓止水垫片尺寸为50mm×50mm×3mm，与螺栓满焊。

地下室外墙木模板组装图		图号	1.6.2
设计	制图	审核	

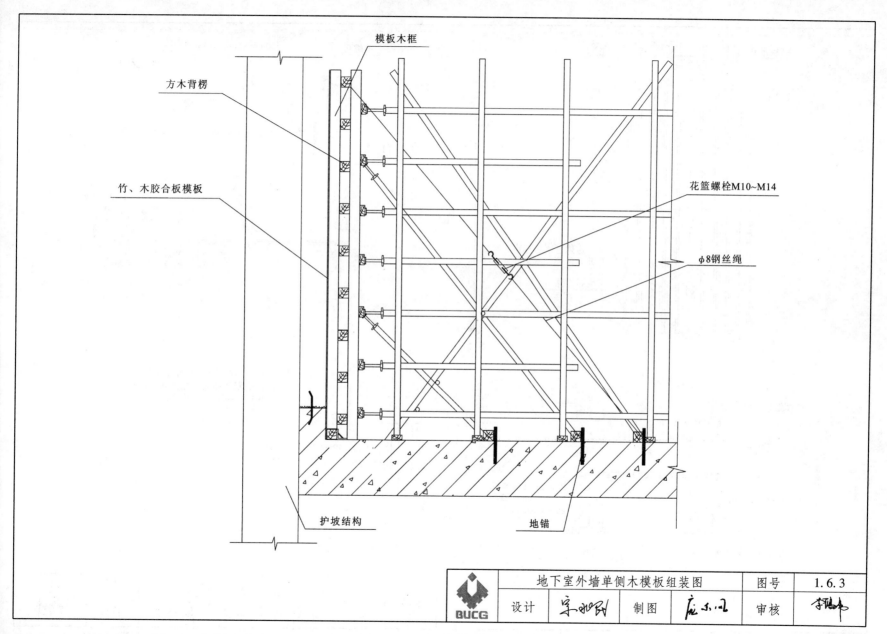

模板木框

方木背楞

竹、木胶合板模板

花篮螺栓M10~M14

φ8钢丝绳

护坡结构

地锚

	地下室外墙单侧木模板组装图	图号	1.6.3
BUCG	设计	制图	审核

21

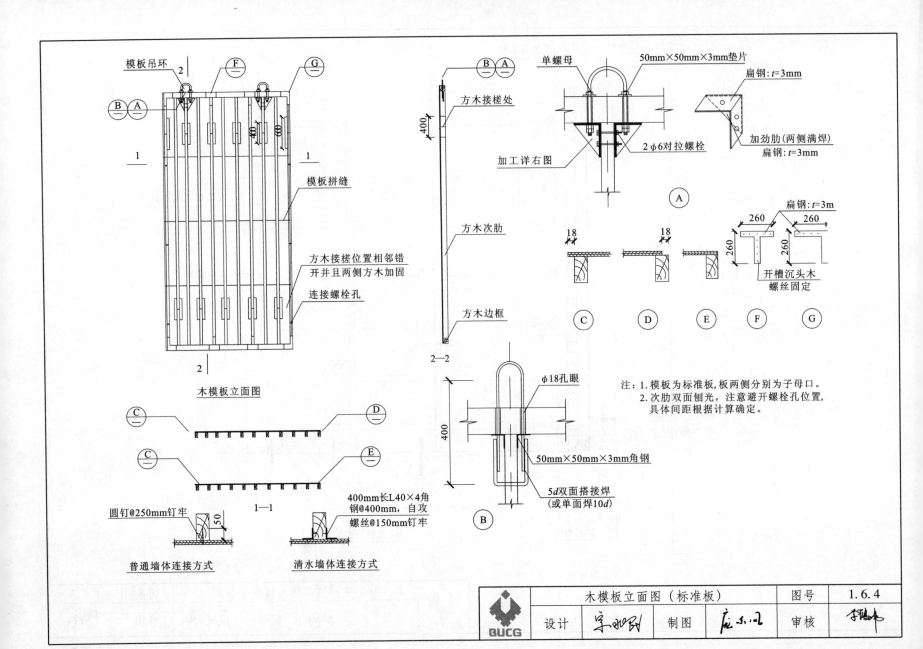

木模板立面图

普通墙体连接方式

清水墙体连接方式

| 木模板立面图（标准板） | 图号 | 1.6.4 |

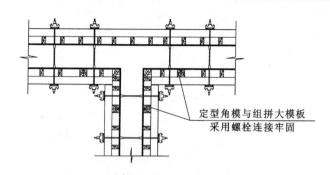

定型角模与组拼大模板
采用螺栓连接牢固

丁字墙节点

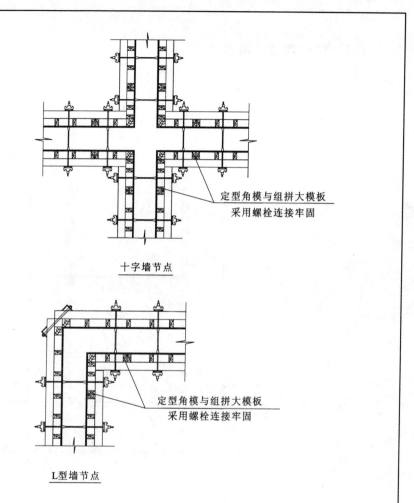

定型角模与组拼大模板
采用螺栓连接牢固

十字墙节点

定型角模与组拼大模板
采用螺栓连接牢固

L型墙节点

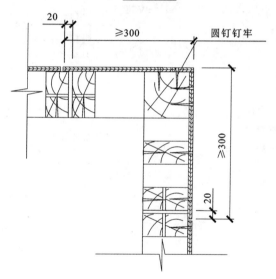

20

≥300

圆钉钉牢

≥300

20

阴角模板节点大样

注:墙体模板拆除顺序按先拆阳角模板,后拆平板,最后拆阴角模板。

	木模板节点大样		图号	1.6.5
设计		制图	审核	

1.7 衔接部位模板做法

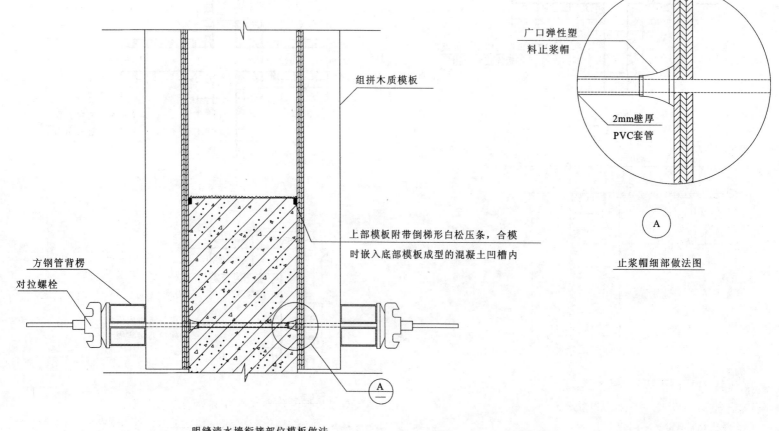

组拼木质模板

上部模板附带倒梯形白松压条，合模时嵌入底部模板成型的混凝土凹槽内

方钢管背楞

对拉螺栓

广口弹性塑料止浆帽

2mm壁厚PVC套管

Ⓐ

止浆帽细部做法图

Ⓐ

明缝清水墙衔接部位模板做法

注：PVC套管与止浆帽匹配，止浆帽小头与PVC管接缝严密、不露浆，应具有足够强度和弹性。

	明缝清水墙衔接部位模板做法		图号	1.7.1
BUCG	设计	制图	审核	

1.8 液压爬升模板

一、适用范围

1. 框架剪力墙结构的核心筒墙体；
2. 高层、超高层剪力墙结构内外墙模板；
3. 高大竖向构筑物，如筒仓、烟囱等。

二、技术要求

1. 液压爬升模板须编制专项方案，并须按规定对方案进行专家论证。
2. 爬模系统包括：附着装置、H型导轨、主支承架系统、液压系统、模板系统、防倾装置和防坠落装置以及安全防护系统等。
3. 架体要求：两附着点间架体支承跨度≤4m

架体高度≤16m（具体高度由结构层而定）

操作平台允许施工荷载及对应的允许作业平台层数：

$3kN/m^2$ 不大于 2 层，$2kN/m^2$ 不大于 3 层，$1kN/m^2$ 不大于 4 层。

4. 电控液压升降系统（数据仅供参考，详细数据请按工程实际情况咨询专业供应商）：

额定压力：16MPa，油缸行程：500mm

伸出速度：500mm/min，额定推力：50kN

双缸同步误差≤12mm

架体升降形式：单跨、多跨、整体

架体升降操作方式：手控、自控

5. 爬升机构

爬升机构具有自动导向、液压升降、自动复位的锁定机构，能实现架体与导轨互爬的功能。

6. 安全装置：防坠落装置下坠制动距离＜50mm

防坠落装置承载能力＞130kN

防倾装置导向距离＜2.2m

7. 工艺流程

7.1 爬模架体现场安装施工工艺流程如下：

套管预埋、附着装置的安装→架体地面组装、整体吊装→铺脚手板、挂安全网、安装电控液压爬升装置→根据现场施工要求对架体进行爬升。

一般情况，爬模架体从标准层开始安装。

7.2 爬模爬升工艺

1）H型导轨的爬升：当浇筑的混凝土强度达到脱模要求且强度达到经计算满足的架体施工荷载以后，可在预埋套管处安装穿墙螺栓和附着装置，并操作液压升降装置，将H型导轨爬升到上一层的附着装置上。

2）架体的爬升：当H型导轨爬升到位后，再操作电控液压升降装置，将架体爬升到上一层的附着装置上。

3）架体的防护：架体爬升到位后，对相邻两架体的空隙进行围护。

三、注意事项

1. 爬模架体安装前须有预埋墙体混凝土的试验报告，混凝土强度达到架体设计要求；
2. 附着座安装拆除需要有可靠的措施与方案；
3. 结构施工时，允许2层作业层同时施工，但每层最大允许施工荷载为 $3kN/m^2$；
4. 爬模架不得超载使用，爬模架上不允许有集中荷载。

	液压爬升模板说明			图号	1.8.1
BUCG	设计	袁志强	制图	审核	

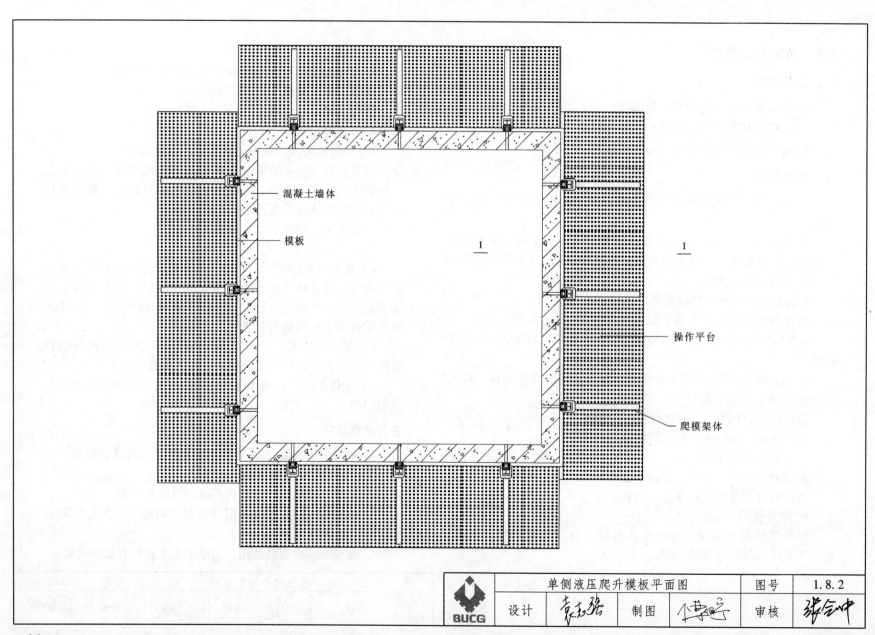

混凝土墙体

模板

操作平台

爬模架体

	单侧液压爬升模板平面图	图号	1.8.2
BUCG	设计 袁志强 制图 小李迎云	审核	张会中

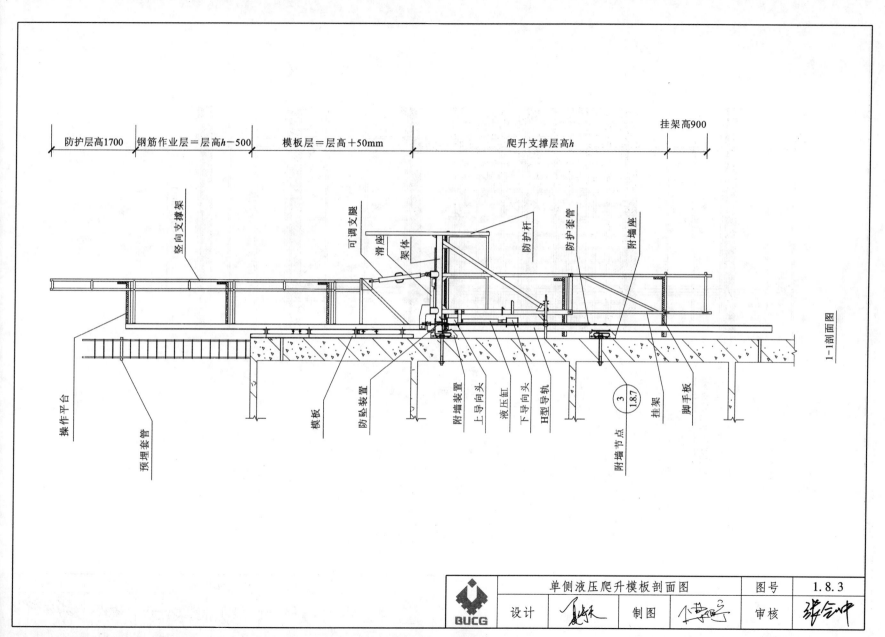

防护层高1700 | 钢筋作业层＝层高h-500 | 模板层＝层高+50mm | 爬升支撑层高h | 挂架高900

竖向支撑架

可调支腿　滑座　架体　防护杆　防护套管　附墙座

操作平台

预埋套管

模板　防坠装置　附墙装置　上导向头　液压缸　下导向头　H型导轨　附墙节点 ③ 1.8.7　挂架　脚手板

1—1剖面图

单侧液压爬升模板剖面图		图号	1.8.3
设计	制图	审核	

BUCG

27

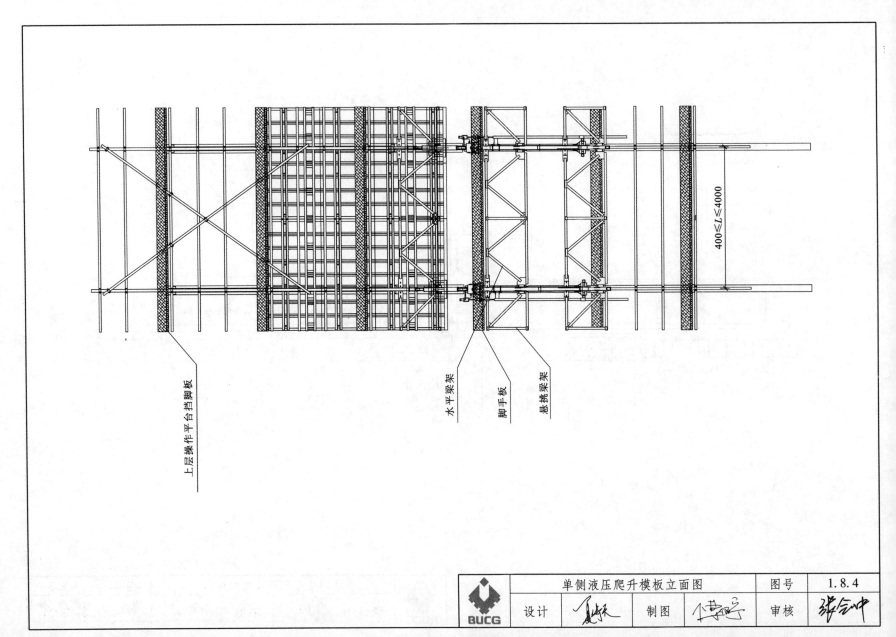

$400 \leqslant T \leqslant 4000$

上层操作平台挡脚板

水平梁架

脚手板

悬挑梁架

	单侧液压爬升模板立面图	图号	1.8.4
BUCG	设计	制图	审核

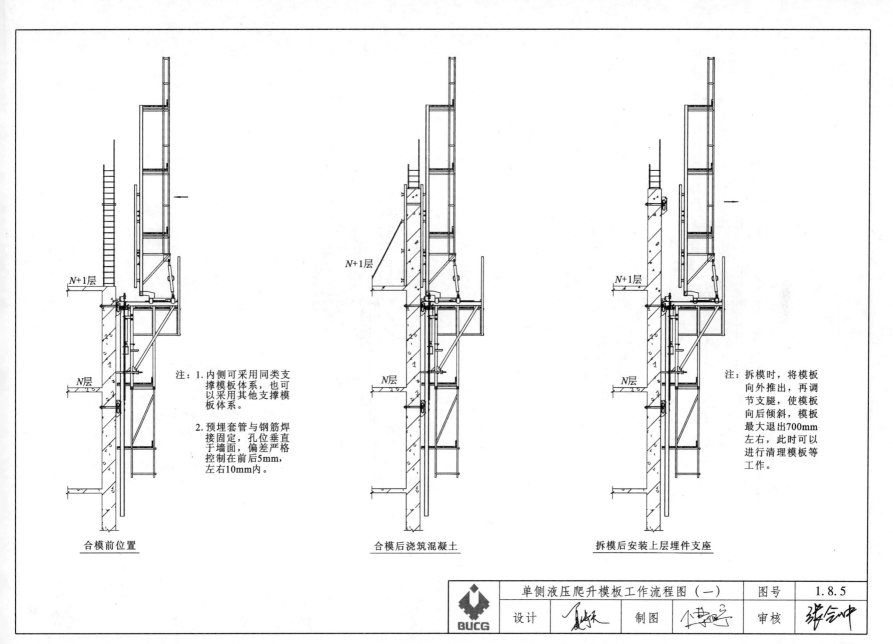

注：1.内侧可采用同类支撑模板体系，也可以采用其他支撑模板体系。

2.预埋套管与钢筋焊接固定，孔位垂直于墙面，偏差严格控制在前后5mm，左右10mm内。

合模前位置

合模后浇筑混凝土

注：拆模时，将模板向外推出，再调节支腿，使模板向后倾斜，模板最大退出700mm左右，此时可以进行清理模板等工作。

拆模后安装上层埋件支座

	单侧液压爬升模板工作流程图（一）	图号	1.8.5
BUCG	设计	制图	审核

29

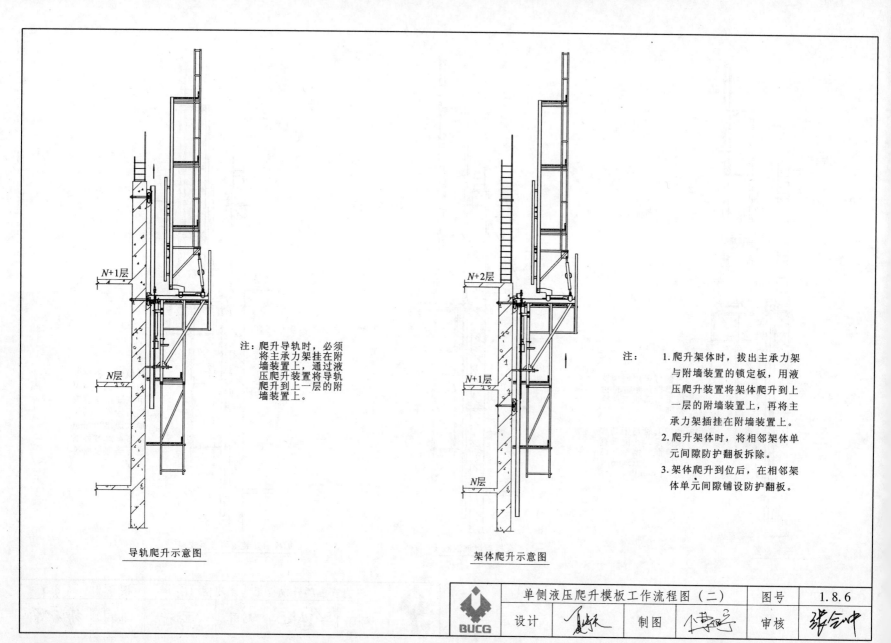

注：爬升导轨时，必须将主承力架挂在附墙装置上，通过液压爬升装置将导轨爬升到上一层的附墙装置上。

导轨爬升示意图

注：
1. 爬升架体时，拔出主承力架与附墙装置的锁定板，用液压爬升装置将架体爬升到上一层的附墙装置上，再将主承力架插挂在附墙装置上。
2. 爬升架体时，将相邻架体单元间隙防护翻板拆除。
3. 架体爬升到位后，在相邻架体单元间隙铺设防护翻板。

架体爬升示意图

	单侧液压爬升模板工作流程图（二）	图号	1.8.6
BUCG	设计　　　　制图　　　　审核		

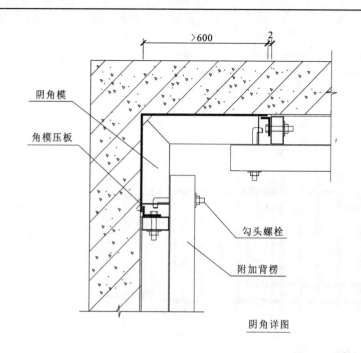

阴角详图

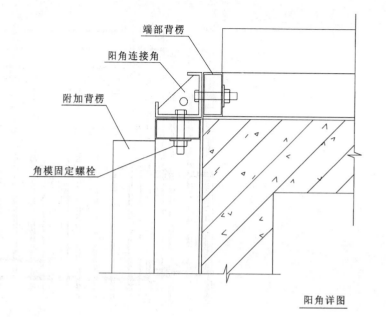

阳角详图

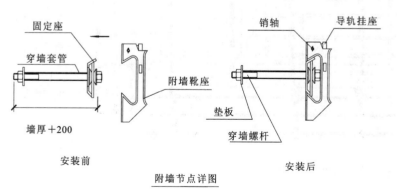

安装前　　　　　　安装后

附墙节点详图

注：穿墙螺杆的直径需要根据实际工程经计算确定，
　　建议不要小于50mm。

	液压爬升模板节点详图	图号	1.8.7
设计		制图	审核

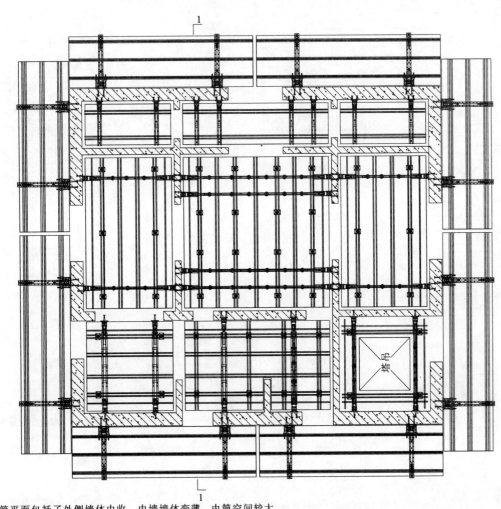

注：核心筒平面包括了外侧墙体内收、内墙墙体变薄、内筒空间较大
　　且内墙厚度不变及内筒为狭小空间几种情况。

	核心筒双侧液压爬升模板平面图		图号	1.8.8
BUCG	设计	制图	审核	

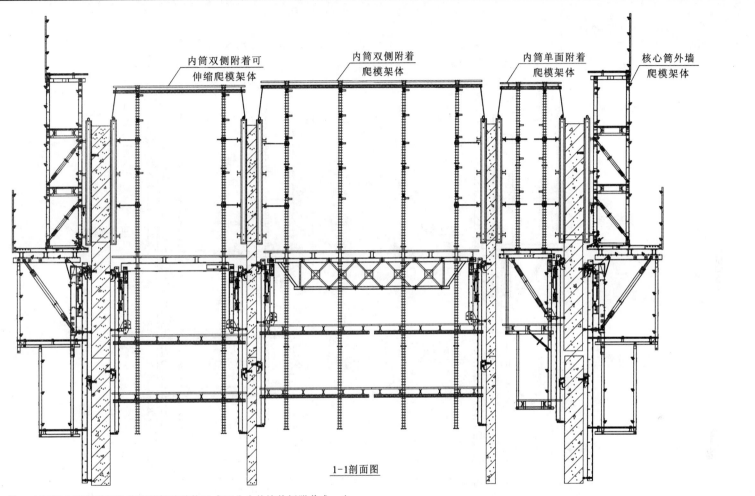

内筒双侧附着可
伸缩爬模架体

内筒双侧附着
爬模架体

内筒单面附着
爬模架体

核心筒外墙
爬模架体

1-1剖面图

注：高层核心筒爬模架体按照其架体结构形式可分为外墙单侧附着式、内
　　筒单侧附着式、内筒双侧附着式和内筒双侧附着可伸缩式几种，根据
　　核心筒的结构形式选用。

双侧液压爬升模板剖面图		图号	1.8.9
设计	制图	审核	

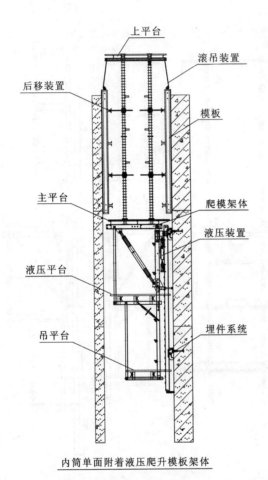

上平台

滚吊装置

后移装置

模板

主平台

爬模架体

液压装置

液压平台

吊平台

埋件系统

内筒单面附着液压爬升模板架体

上平台

滚吊装置

模板

主平台

可伸缩横梁

液压装置

液压平台

吊平台

埋件系统

内筒双侧附着可伸缩液压爬升模板架体

双侧液压爬升模板示意图（一）		图号	1.8.10
设计	制图	审核	

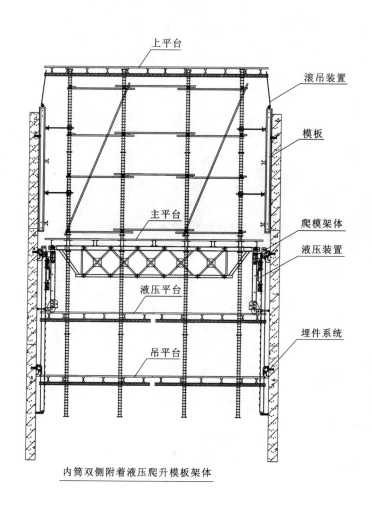

上平台

滚吊装置

模板

主平台

爬模架体

液压装置

液压平台

埋件系统

吊平台

内筒双侧附着液压爬升模板架体

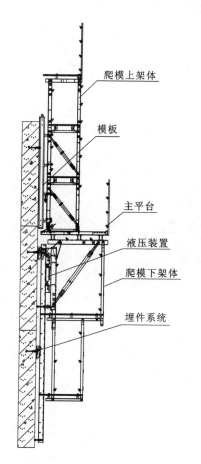

爬模上架体

模板

主平台

液压装置

爬模下架体

埋件系统

核心筒外墙液压爬升模板架体

	双侧液压爬升模板示意图（二）	图号	1.8.11
BUCG	设计　　制图　　审核		

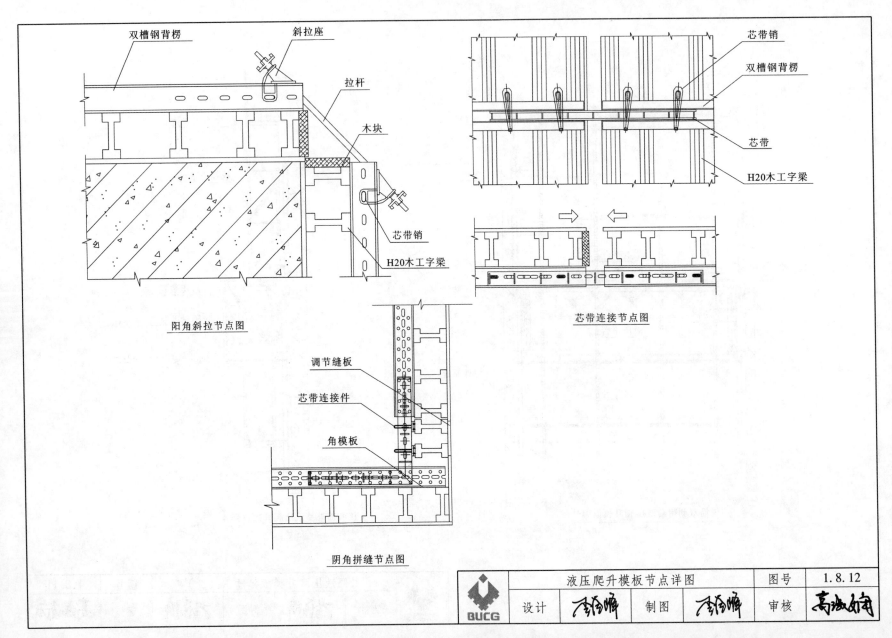

双槽钢背楞　　斜拉座

拉杆

木块

芯带销

H20木工字梁

芯带销

双槽钢背楞

芯带

H20木工字梁

阳角斜拉节点图

芯带连接节点图

调节缝板

芯带连接件

角模板

阴角拼缝节点图

液压爬升模板节点详图	图号	1.8.12
设计	制图	审核

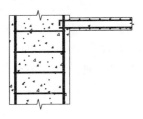

墙板传统顺序施工钢筋图样

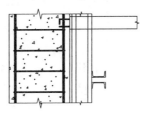

液压爬升模板施工墙体先做，
顶板钢筋按照规范规定锚固，
紧贴模板侧向弯起,预埋钢筋
型号为三级及以上时，采用
二级或一级钢筋替换

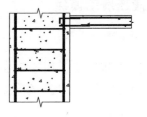

施工顶板时将弯起钢筋拉直，
与顶板钢筋按照规范规定长度
搭接

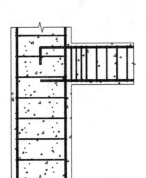

墙梁传统顺序施工钢筋图样

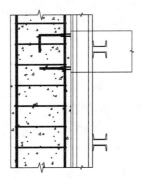

液压爬升模板施工墙体先做，梁
钢筋按照规范规定锚固长度及方
式预埋，在贴近模板处安装直螺
纹套筒

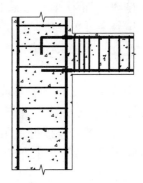

施工梁时将梁钢筋与预埋好
的锚固段钢筋用直螺纹套筒
连接好

	板梁后浇钢筋处理方式		图号	1.8.13
BUCG	设计	制图	审核	

1.9 液压滑动模板

一、适用范围

液压滑动模架适用于烟囱、筒仓、桥墩、电视塔、观光塔、高层及超高层等高大构、建筑物和地下竖井筑壁及水利水电工程。

二、技术要求

液压滑动模板装置主要由模板系统、液压提升系统、操作平台和油路系统以及水电配套等部分组成。

1. 模板系统

（1）模板：滑动模板一般采用标准定型组合钢模板，也可采用大块模板。角模模板根据墙体结构形式，一般采用同材料的自制角模。

（2）围圈：围圈材料一般采用角钢、槽钢或工字钢制作。采用槽钢时一般为 [8 ~ [10，其连接形式一般采用螺栓连接或焊接。

（3）牛腿：一般采用槽钢或角钢制作。

2. 提升系统

（1）提升架：提升架一般采用双肢槽钢或方钢管加腹板焊接而成。常见提升架形式有"门"型架、"开"型架和异型提升架。提升架立柱与横梁的连接可采用焊接或螺栓连接，便于拆卸和不同墙体厚度使用。提升架的布置间距根据设计计算确定。

（2）支承杆：支承杆一般采用圆钢或钢管加工制作。要求加工精度高，其连接形式采用榫接或坡口焊接。

（3）千斤顶：液压滑模千斤顶目前常用型号为滚珠卡具型和楔块卡具型。额定起重量为 30 ~ 100kN。千斤顶可设计为单个千斤顶或双个千斤顶。

3. 操作平台及架体

（1）操作平台：操作平台一般采用外排三角支架，其材料一般采用角钢制作与方木和铺板组成平台体系。外排宽度为 800 ~ 1000mm。内操作平台一般制作成下弦桁架式，便于平行移动和快速拆除。

（2）防护栏：安全防护栏材料一般采用钢管制作，栏杆高度一般不小于1800mm，并用密目安全网封闭。

（3）吊篮架：吊篮架材料一般采用圆钢或角钢制作，连接方式一般采用螺栓连接，便于拆除和重复使用。

4. 液压系统

主要由液压控制台、主油管、高压软管、分油器、千斤顶等组成。油路设计一般采用环状三级并联回路设计。

三、注意事项

1. 组装场地平整、坚固，临时搭设的架子应符合组装的要求。

2. 滑动模架组装完成后，应逐项进行检查验收并填表，其允许偏差值应符合技术规范中的相关要求。

3. 未经培训的人员不得随意操作液压设备。

4. 设专人负责检查油管、电器元件、千斤顶及操作平台，发现漏油的油管及千斤顶应及时查明原因，立即更换。当操作平台出现异常情况时，应采取纠偏或停滑措施，及时进行处理。人员应走专用楼梯，不得翻越架子。

5. 在施工中应注意保护千斤顶的清洁，防止混凝土砂浆顺支承杆流入千斤顶内。

	液压滑动模板说明			图号	1.9.1
BUCG	设计		制图	审核	

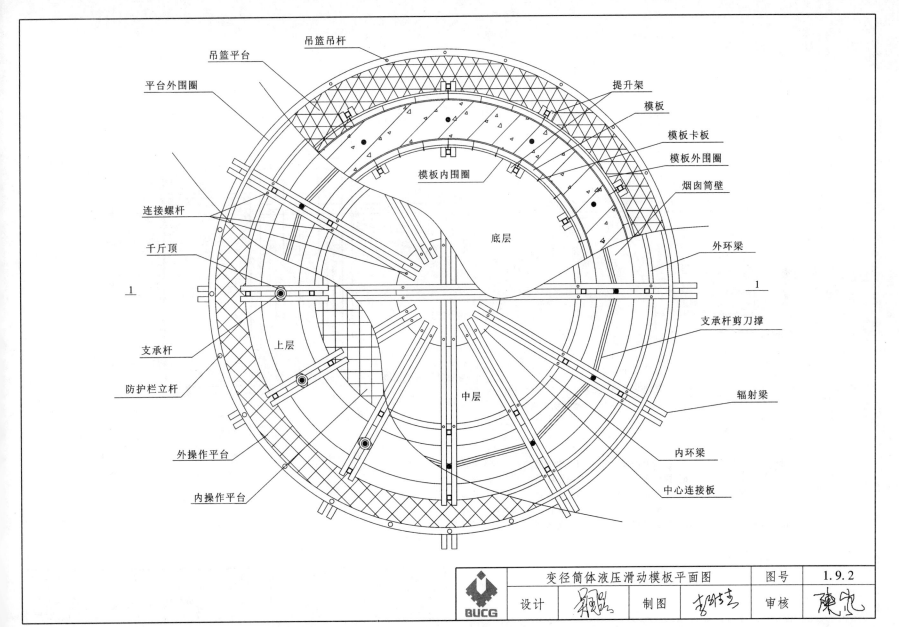

变径筒体液压滑动模板平面图

	图号	1.9.2
设计	制图	审核

吊篮吊杆
吊篮平台
提升架
模板
平台外围圈
模板卡板
模板外围圈
模板内围圈
连接螺杆
底层
烟囱筒壁
千斤顶
外环梁
1
1
支承杆剪刀撑
支承杆
上层
防护栏立杆
辐射梁
中层
外操作平台
内环梁
内操作平台
中心连接板

BUCG

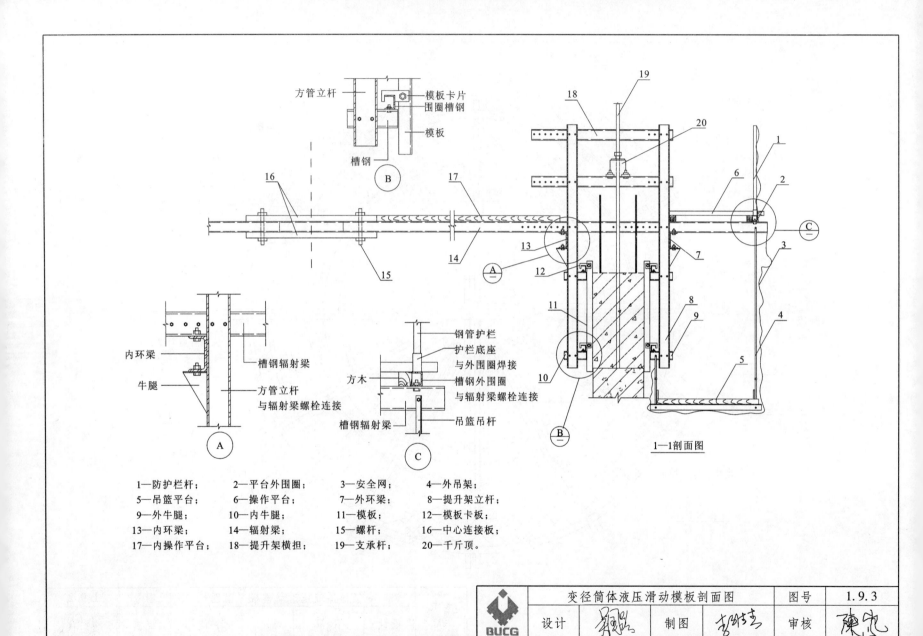

方管立杆
模板卡片
围圈槽钢
模板
槽钢

B

16

17

15

14

内环梁
牛腿

槽钢辐射梁
方管立杆
与辐射梁螺栓连接

A

钢管护栏
护栏底座
与外围圈焊接
方木
槽钢外围圈
与辐射梁螺栓连接
槽钢辐射梁
吊篮吊杆

C

19
18
20
6
1
2
C
13
7
A
12
11
8
9
10
B
5
4
3

1—1剖面图

1—防护栏杆；　　2—平台外围圈；　　3—安全网；　　4—外吊架；
5—吊篮平台；　　6—操作平台；　　7—外环梁；　　8—提升架立杆；
9—外牛腿；　　　10—内牛腿；　　　11—模板；　　　12—模板卡板；
13—内环梁；　　　14—辐射梁；　　　15—螺杆；　　　16—中心连接板；
17—内操作平台；　18—提升架横担；　19—支承杆；　　20—千斤顶。

| BUCG | 变径筒体液压滑动模板剖面图 | | 图号 | 1.9.3 |
| | 设计 | 制图 | 审核 | |

40

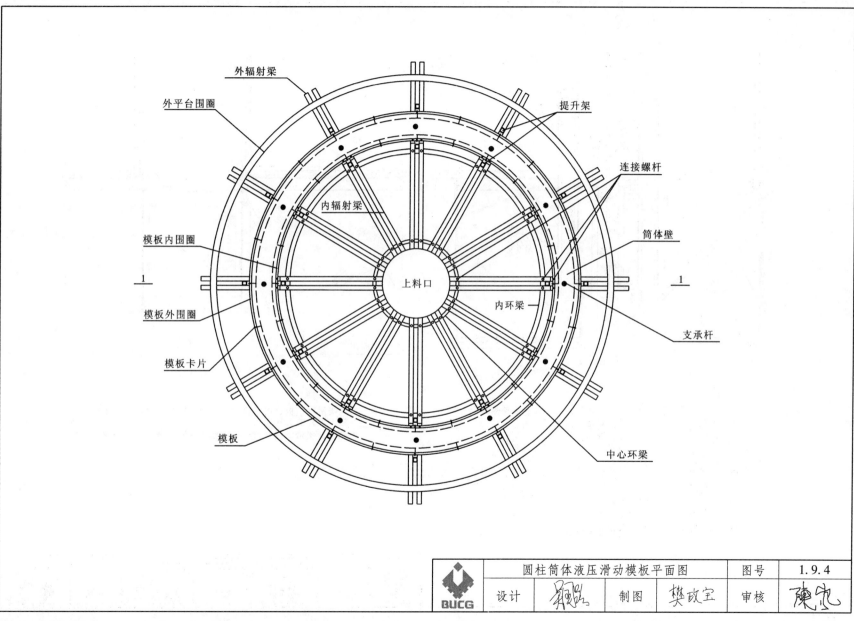

外辐射梁

外平台围圈

提升架

连接螺杆

内辐射梁

模板内围圈

筒体壁

1 1

上料口

内环梁

模板外围圈

支承杆

模板卡片

模板

中心环梁

	圆柱筒体液压滑动模板平面图	图号	1.9.4
BUCG	设计	制图	审核

41

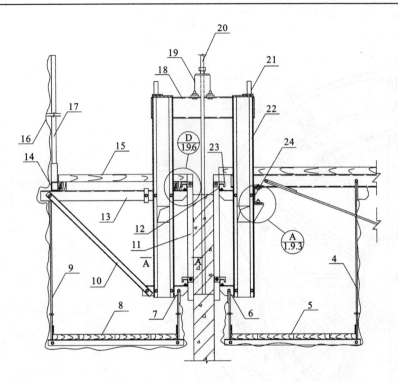

A–A剖面图

1—中心上环梁；　　2—中心下环梁；　　3—带花篮螺栓斜拉杆；
4—内吊架；　　　　5—内吊篮平台；　　6—内牛腿；
7—外牛腿；　　　　8—外吊篮平台；　　9—外吊杆；
10—斜撑杆；　　　11—模板；　　　　12—模板围圈；
13—外辐射梁；　　14—外平台围圈；　15—外操作平台；
16—安全网；　　　17—防护栏杆；　　18—提升架横担；
19—千斤顶；　　　20—支承杆；　　　21—钢管；
22—提升架立杆；　23—模板卡片；　　24—内环梁；
25—内辐射梁；　　26—内操作平台。

注：1.此类滑动模板适用于筒体内空间适中且需要搭设大面积
　　　施工平台的工程。
　　2.选用此类滑动模板时，中间操作平台需要计算实际施工荷载。

	圆柱筒体液压滑动模板剖面图	图号	1.9.5
BUCG	设计　　　制图　　　审核		

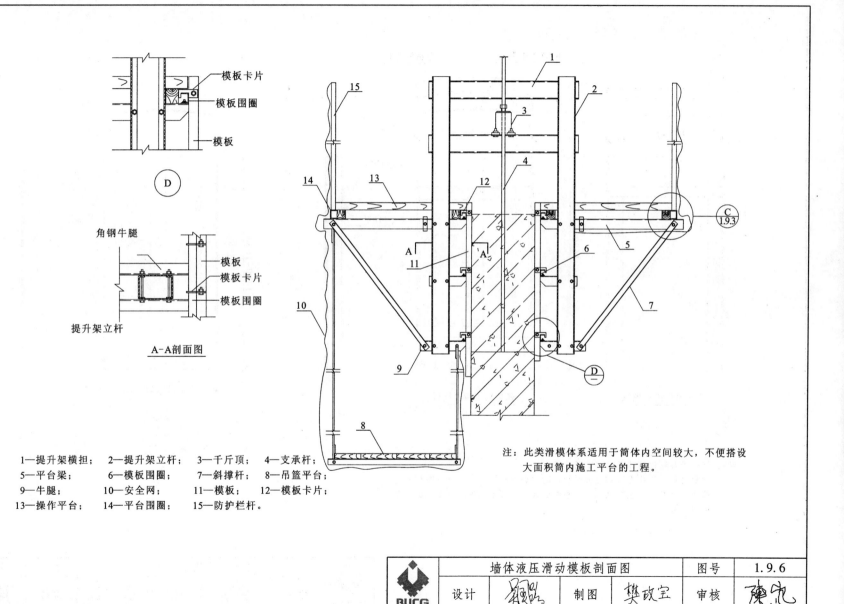

模板卡片

模板围圈

模板

Ⓓ

角钢牛腿

模板

模板卡片

模板围圈

提升架立杆

A-A剖面图

15

1

2

3

14

13

12

4

11

C
1.9.3

6

5

7

9

10

8

Ⓓ

1—提升架横担；　2—提升架立杆；　3—千斤顶；　4—支承杆；
5—平台梁；　　　6—模板围圈；　　7—斜撑杆；　8—吊篮平台；
9—牛腿；　　　　10—安全网；　　　11—模板；　　12—模板卡片；
13—操作平台；　　14—平台围圈；　　15—防护栏杆。

注：此类滑模体系适用于筒体内空间较大，不便搭设
大面积筒内施工平台的工程。

	墙体液压滑动模板剖面图		图号	1.9.6
BUCG	设计	制图	审核	

43

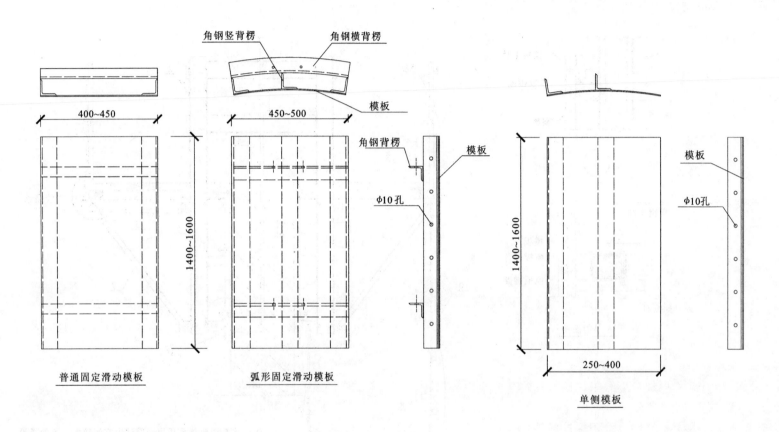

角钢竖背楞   角钢横背楞

模板

角钢背楞   模板   模板

Φ10孔   Φ10孔

400~450   450~500   250~400

1400~1600   1400~1600

普通固定滑动模板   弧形固定滑动模板   单侧模板

注：1.墙体或者圆柱筒体采用固定滑动模板。
　　2.变直径筒体结构需采用收分模板，随着截面的减小，收分模板与固定
　　　模板的重叠部分也在增加，当重叠超过一块固定模板时，该固定模板
　　　即可拆除。

| 液压滑动模板图 | | | 图号 | 1.9.7 |
| 设计 | 制图 | 审核 | | |

1.10 液压滑动模板倒模

一、适用范围

液压滑动模架倒模适用于烟囱、筒仓、桥墩、塔、电视塔、观光塔、高层及超高层等高大构、建筑物和地下竖井筑壁及水利水电工程。

二、技术要求

液压滑动模架倒模装置主要由模板系统、液压提升系统、模板提升机构、操作平台和油路系统以及水电配套等部分组成。

1. 模板系统

（1）模板：滑动模板一般采用标准定型组合钢模板，也可采用大块模板。角模模板根据墙体结构形式，一般采用同材料的自制角模。配两层模板，翻模施工。

（2）围圈：围圈材料一般采用角钢、槽钢或工字钢制作。采用槽钢时一般为［8～［10，其连接形式一般采用螺栓连接或焊接。

2. 提升系统

（1）提升架：提升架一般采用双肢槽钢或方钢管加腹板焊接而成。常见提升架形式有"门"型架、"开"型架和异型提升架。提升架立柱与横梁的连接可采用焊接或螺栓连接，便于拆卸和不同墙体厚度使用。提升架的布置间距根据设计计算确定。

（2）支承杆：支承杆一般采用圆钢或钢管加工制作。要求加工精度高，其连接形式采用榫接或坡口焊接。

（3）千斤顶：液压滑模千斤顶目前常用型号为滚珠卡具型和楔块卡具型。额定起重量为30～100kN。千斤顶可设计为单个千斤顶或双个千斤顶。

（4）模板吊架：用料一般为钢管、角钢等，施工前根据模板重量计算，现场安装。

3. 操作平台及架体

（1）操作平台：操作平台一般采用外排三角支架，其材料一般采用角钢制作与方木和铺板组成平台体系。外排宽度为800～1000mm。内操作平台一般制作成下弦桁架式，便于平行移动和快速拆除。

（2）防护栏：安全防护栏材料一般采用钢管制作，栏杆高度一般不小于1800mm，并用密目安全网封闭。

（3）吊篮架：吊篮架材料一般采用圆钢或角钢制作，连接方式一般采用螺栓连接，便于拆除和重复使用。

4. 液压系统

主要由液压控制台、主油管、高压软管、分油器、千斤顶等组成。油路设计一般采用环状三级并联回路设计。

	液压滑动模板倒模说明		图号	1.10.1
BUCG	设计	制图	审核	

45

三、注意事项

1. 架体注意事项与液压滑动模架相同。

2. 每次待混凝土强度达到 1.2MPa 后拆除模板。

3. 操作台提升时，操作台、吊架不得与结构筒壁上的模板有任何连接。

4. 操作台提升到位后立即对中，将调台丝杠顶到模板上，使操作台稳固后，进行下步工序。

5. 操作台稳固后，作业人员在吊篮下层平台上将第一步模板拆掉，清理后吊装到吊篮上层平台，安装到第二步模板上。

6. 模板应与已浇筑完的结构有 10cm 的嵌固长度。

	液压滑动模板倒模说明	图号	1.10.1
BUCG	设计　　　制图　　　审核		

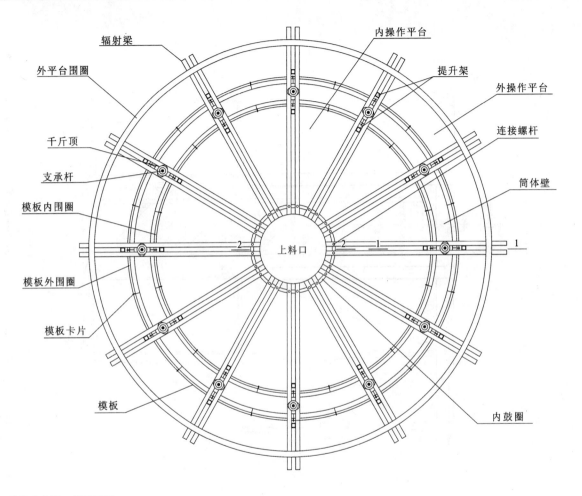

辐射梁　　　　　　　　　　内操作平台

外平台围圈　　　　　　　　　　　　　提升架

　　　　　　　　　　　　　　　　　外操作平台

千斤顶　　　　　　　　　　　　　　连接螺杆

支承杆

模板内围圈　　　　　　　　　　　　筒体壁

　　　　　　　　2　　上料口　2　1　　　1

模板外围圈

模板卡片

模板　　　　　　　　　　　　　内鼓圈

注：滑板倒模工艺是滑模施工的一种特殊应用，模板采用
　　两步模板翻模，操作台提升系统采用了全套滑模装置。

液压滑动模板倒模平面图	图号	1.10.2
设计	制图	审核

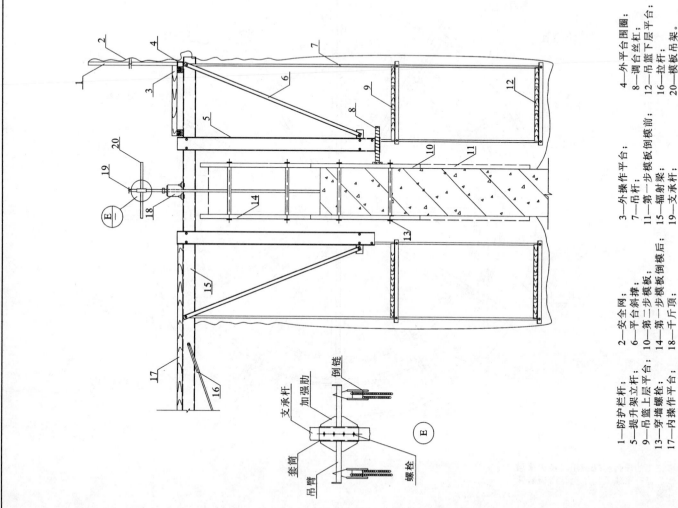

1—防护栏杆;　　　2—安全网;　　　　　3—外操作平台;　　　4—外平台围圈;
5—提升架立杆;　　6—操作台提升时;　　7—吊杆;　　　　　8—调节丝台杆;
9—吊篮上层平台;　10—第二步模板;　　11—第二步模板倒模前;12—吊篮下层平台;
13—第二步操作平台;14—第一步模板倒模后;15—辐射梁;　　　16—拉杆;
17—内操作平台;　　18—千斤顶;　　　　19—支承杆;　　　　20—模板吊架。

注: 1. 每次待混凝土强度达到1.2MPa后拆除模板。
　　2. 操作台提升时,操作台、吊架不得与结构筒壁上的模板有任何连接。
　　3. 操作台提升到位即对中,将调台丝杠顶到模板上,使操作台稳固后,进行下步工序。
　　4. 操作台稳固后,作业人员在吊篮下层平台上将第一步模板平台吊装到吊篮上层平
　　　 台,安装到第二步模板上。
　　5. 模板应与已浇筑完的结构有10cm的嵌固长度。

支承杆
加强肋
倒链
套筒
吊臂
螺栓

E

| 液压滑动模板倒模剖面图(一) | | 图号 | 1.10.3 |
| 设计 | 制图 | 审核 | |

48

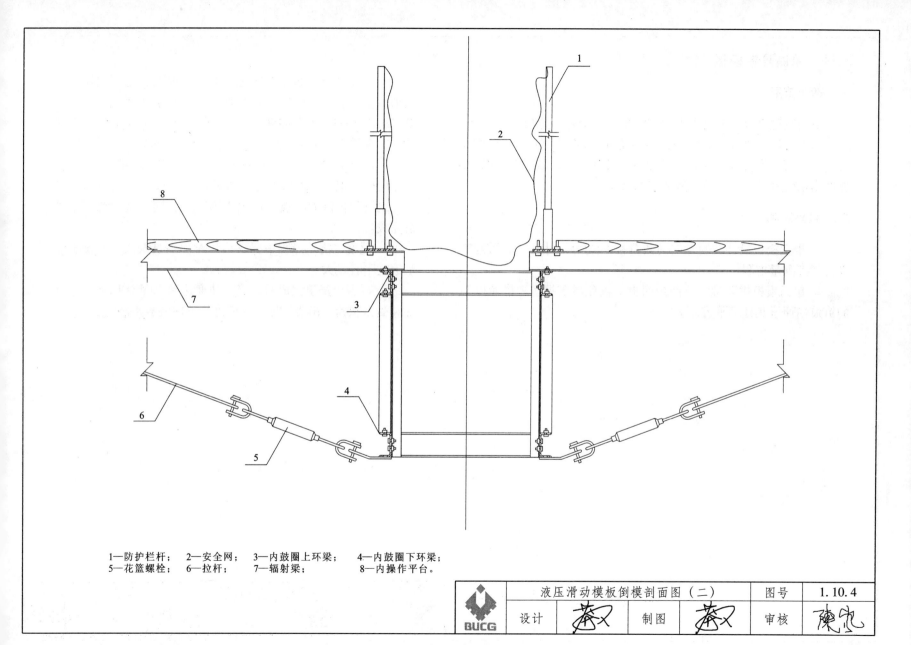

1—防护栏杆；　2—安全网；　3—内鼓圈上环梁；　4—内鼓圈下环梁；
5—花篮螺栓；　6—拉杆；　7—辐射梁；　8—内操作平台。

液压滑动模板倒模剖面图（二）			图号	1.10.4	
设计		制图		审核	

1.11 单侧悬臂模板

一、适用范围

单侧悬臂模板主要适用于大坝、桥墩、锚定、混凝土挡土墙、隧道及地下厂房等需要大面积混凝土浇筑的施工。混凝土的侧压力完全由预埋件及支架承担，不设对拉螺栓。本体系还可用于有坡度结构的模板支设，角度调节范围≤30°。

二、注意事项

1. 根据模板设计编制专门的测量控制方案，对每步模板施工进行精准测量控制。

2. 单元模板拼装时注意保护面板，避免碰撞损伤，将面板上的钉痕用原子灰处理平整。

3. 单侧悬臂模板第一次施工时，需要在底板预埋地脚螺栓来承受混凝土的侧压力。同时将埋件固定在模板上，作为第二次浇筑时的受力部件。第二次浇筑时，模板支架固定在第一次浇筑时预埋的埋件上。第三次浇筑时，安装吊平台，工人可在吊平台上取出埋件系统的受力螺栓和爬锥周转使用，然后用砂浆填补爬锥取出后留下的洞口。第三次浇筑为标准层浇筑过程，以后的浇筑过程与第三次相同，直至混凝土浇筑完成。

4. 混凝土浇筑过程中要求均匀对称浇筑振捣，混凝土浇筑速度不宜过大。

5. 混凝土浇筑完成后，墙体强度达到10MPa以上，才可安装受力螺栓，吊装架体，合模进行下次混凝土浇筑。

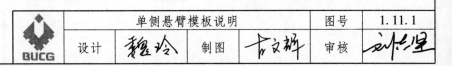

	单侧悬臂模板说明		图号	1.11.1
BUCG	设计	制图	审核	

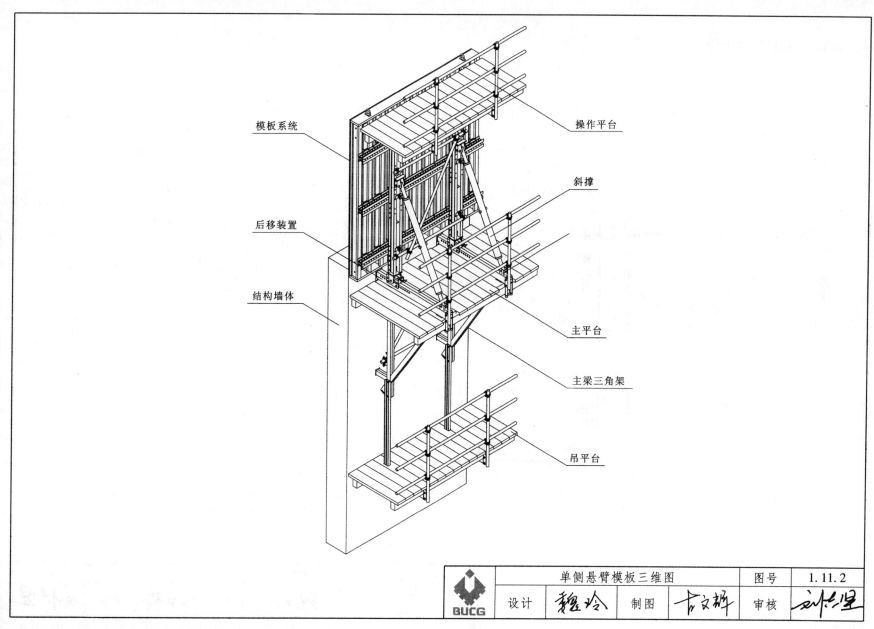

模板系统

操作平台

斜撑

后移装置

结构墙体

主平台

主梁三角架

吊平台

单侧悬臂模板三维图		图号	1.11.2
BUCG	设计	制图	审核

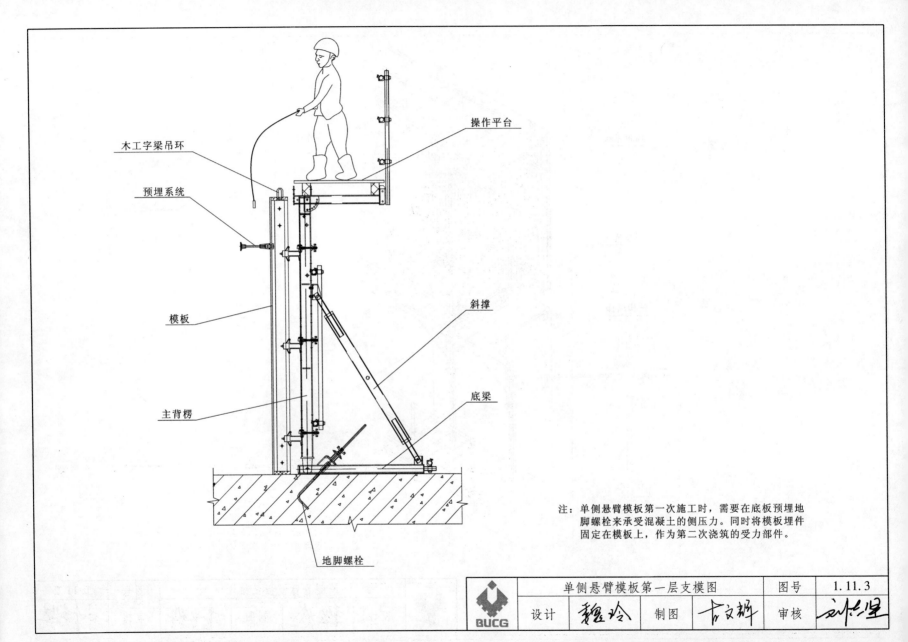

木工字梁吊环

预埋系统

模板

主背楞

地脚螺栓

操作平台

斜撑

底梁

注：单侧悬臂模板第一次施工时，需要在底板预埋地
　　脚螺栓来承受混凝土的侧压力。同时将模板埋件
　　固定在模板上，作为第二次浇筑的受力部件。

BUCG	单侧悬臂模板第一层支模图		图号	1.11.3
	设计	制图	审核	

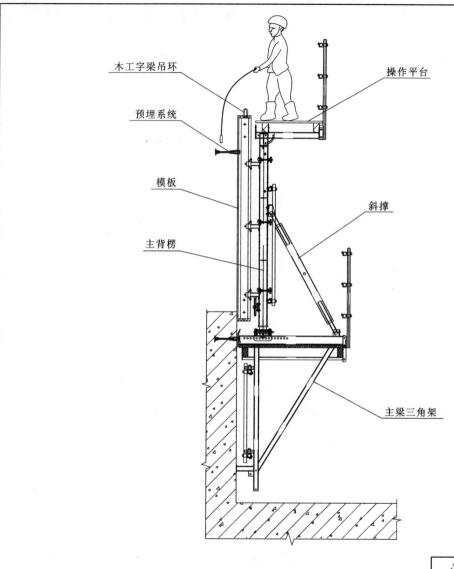

木工字梁吊环

预埋系统

模板

主背楞

操作平台

斜撑

主梁三角架

注：单侧悬臂模板进行第二次混凝土浇筑时，模板
支架固定在第一次浇筑时预埋的埋件上，并在模
板上预埋埋件作为下次浇筑时的受力部件。

	单侧悬臂模板第二层支模图			图号	1.11.4
BUCG	设计	魏玲	制图	古文辉	审核

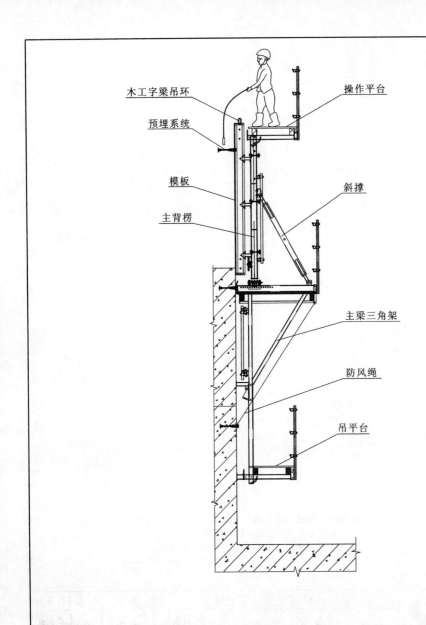

木工字梁吊环

操作平台

预埋系统

模板

斜撑

主背楞

主梁三角架

防风绳

吊平台

注：第三次混凝土浇筑时，安装吊平台，工人可在吊平台
上取出埋件系统的受力螺栓和爬锥周转使用，并用砂
浆填补爬锥取出后留下的洞口。第三次浇筑为标准层
浇筑过程，以后的浇筑过程与第三次相同，直至混凝
土浇筑完成。

	单侧悬臂模板标准层支模图		图号	1.11.5
BUCG	设计	制图	审核	

单侧悬臂模板埋件系统安装及拆卸过程

1. 按图组装埋件系统，用定位螺栓或安装螺栓将其固定在模板上。

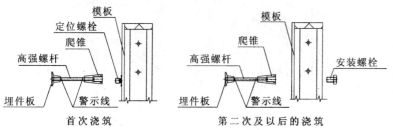

首次浇筑

第二次及以后的浇筑

2. 浇筑完成后，卸下定位螺栓或安装螺栓，移开模板。

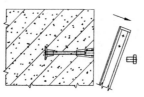

6. 爬架提升后，工人在吊平台上卸下受力螺栓和爬锥周转使用。

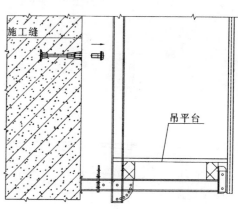

3. 将受力螺栓装入爬锥。

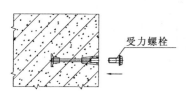

4. 吊装模板支架。

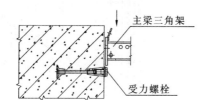

5. 插入安全销，确保模板支架与受力螺栓牢固连接。

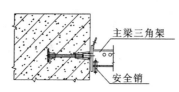

	单侧悬臂模板埋件安装顺序图	图号	1.11.6
设计		制图	审核

55

1.12 圆弧模板

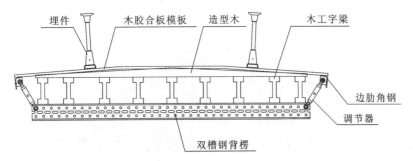

圆弧模板单元组装图

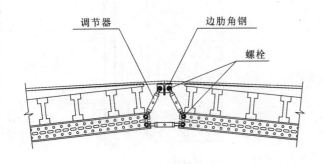

圆弧模板连接详图

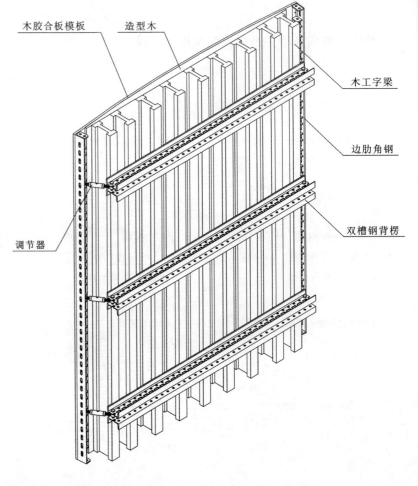

注：1. 该类型圆弧模板适用于圆弧曲率半径不变的弧形墙柱体的混凝土
施工，圆弧模板单元可以多次周转使用。
2. 相邻圆弧模板单元连接时，边肋角钢中间可根据需要填充方木。

	圆弧模板组装图			图号	1.12.1
BUCG	设计	古文粹	制图	古文粹	审核	高城如海

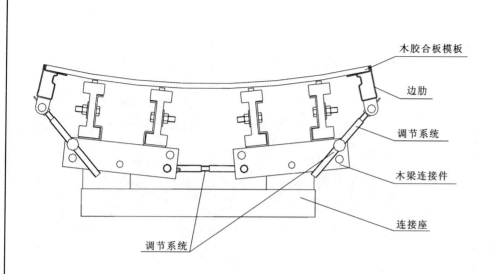

木胶合板模板

边肋

调节系统

木梁连接件

连接座

调节系统

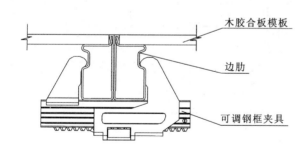

木胶合板模板

边肋

可调钢框夹具

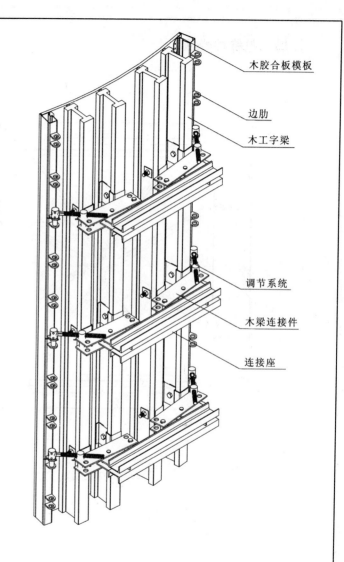

木胶合板模板

边肋

木工字梁

调节系统

木梁连接件

连接座

注：可调圆弧模板适用于圆弧曲率半径变化的弧形墙柱体
　　的混凝土施工，模板的曲率半径可根据需要调整。

可调圆弧模板组装图		图号	1.12.2
设计	古文辉	制图	古文辉	审核	高淑娟

BUCG

1.13 电梯井模板

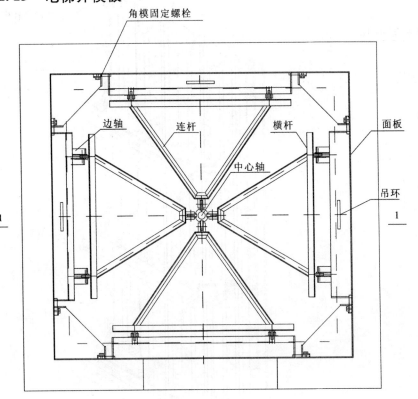

电梯井筒模安装图

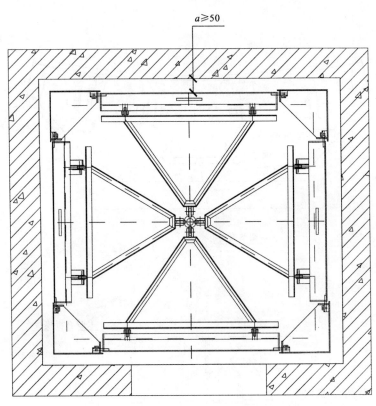

电梯井筒模拆模图

	电梯井筒模平面图			图号	1.13.1
BUCG	设计	制图		审核	

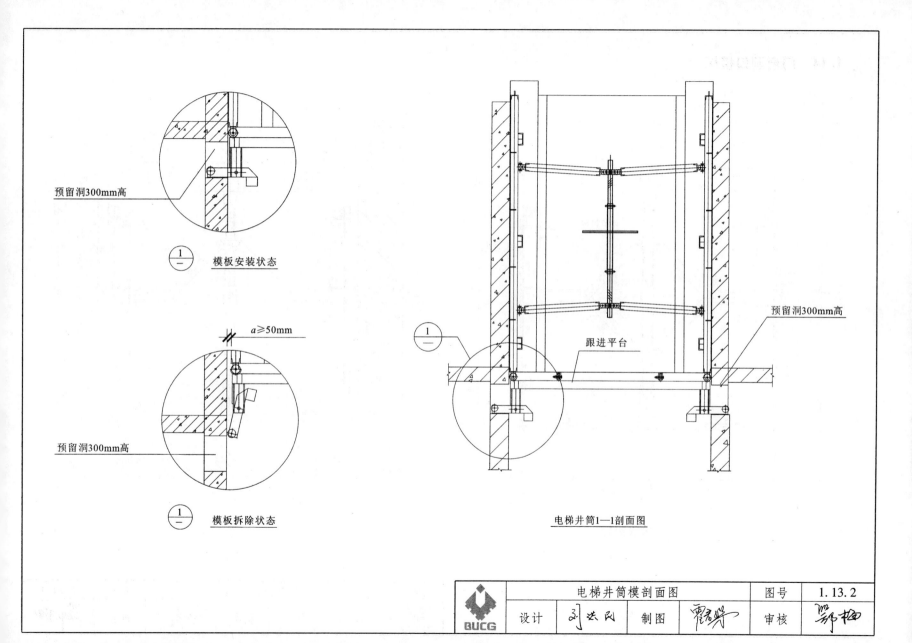

预留洞300mm高

模板安装状态

$a \geq 50mm$

预留洞300mm高

模板拆除状态

预留洞300mm高

跟进平台

电梯井筒1—1剖面图

电梯井筒模剖面图				图号	1.13.2
设计	刘志民	制图	霍君举	审核	郭柜

1.14 门窗洞口模板

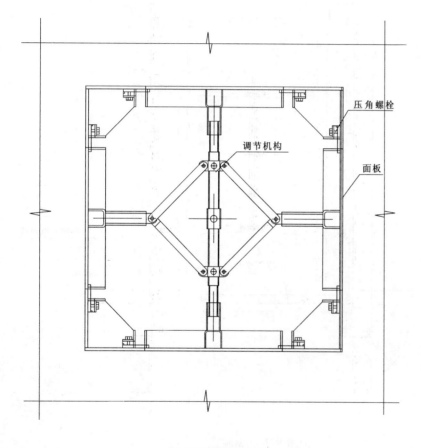

压角螺栓

调节机构

面板

窗洞口钢模板安装图

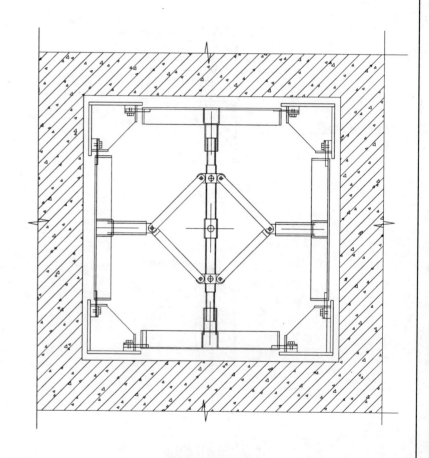

窗洞口钢模板拆模图

窗洞口钢模板图				图号	1.14.1
设计	刘志民	制图	霍君辉	审核	郑梅

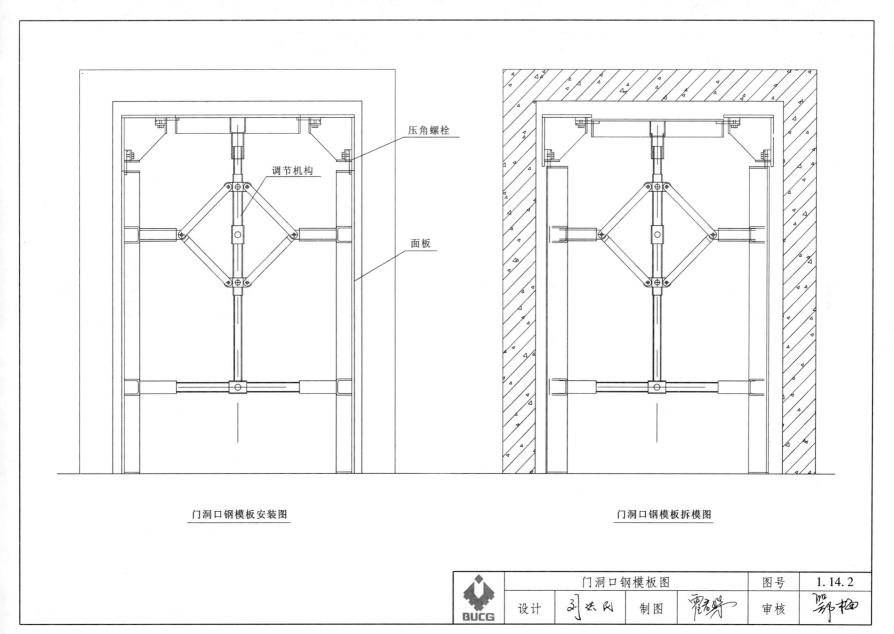

压角螺栓

调节机构

面板

门洞口钢模板安装图

门洞口钢模板拆模图

门洞口钢模板图				图号	1.14.2
设计	刘长民	制图	霍君祥	审核	郑柏

第二章

柱 模 板

2.1 柱模板说明

一、适用范围

适用于圆柱、矩形柱、多边形柱、连墙柱等柱模板的施工。

二、技术要求

1. 本图集柱模板面板可采用胶合板、钢模板、玻璃钢模板等，应根据工程实际需要选用，模板材质必须满足规范要求，模板及其支架应具有足够的承载力、刚度和稳定性。

2. 根据混凝土的施工工艺、构件截面尺寸等确定其构造和所承受的荷载，绘制配板设计图、支撑设计布置图、细部构造。

3. 按照模板承受荷载的最不利组合对模板体系进行验算，包括模板的抗弯强度、抗剪强度和挠度，肋的抗弯强度、抗剪强度和挠度，柱截面长宽方向柱箍的强度和挠度或柱截面长宽方向的对拉螺栓抗拉强度。

三、注意事项

1. 清水混凝土柱群柱竖缝方向宜一致。当矩形柱较大时，其竖缝宜设置在柱中心。柱模板横缝宜从楼面标高开始向上作均匀布置，余数宜放在柱顶。

2. 柱模板配模高度宜为：模板高度 = 层高 − 顶板厚（或梁高）+30mm。

3. 柱箍间距根据计算确定，下部适当加密。

	柱模板说明	图号	2.1.1
设计	制图	审核	

2.2 矩形柱模板

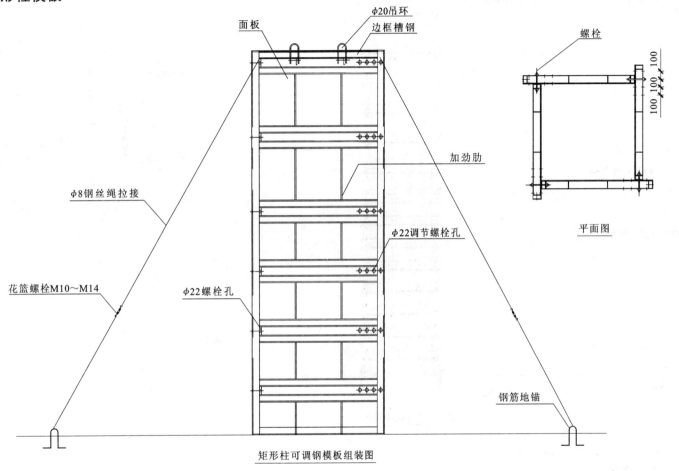

面板
φ20吊环
边框槽钢
螺栓
100 100 100
加劲肋
φ8钢丝绳拉接
φ22调节螺栓孔
平面图
花篮螺栓M10～M14
φ22螺栓孔
钢筋地锚
矩形柱可调钢模板组装图

注：1.面板为6mm钢板，边框为[8槽钢，横向为80mm×40mm×3mm方钢管。
    2.适用为尺寸1000mm×1000mm以下的可调矩形柱。

矩形柱可调钢模板组装图		图号	2.2.1
设计	制图	审核	

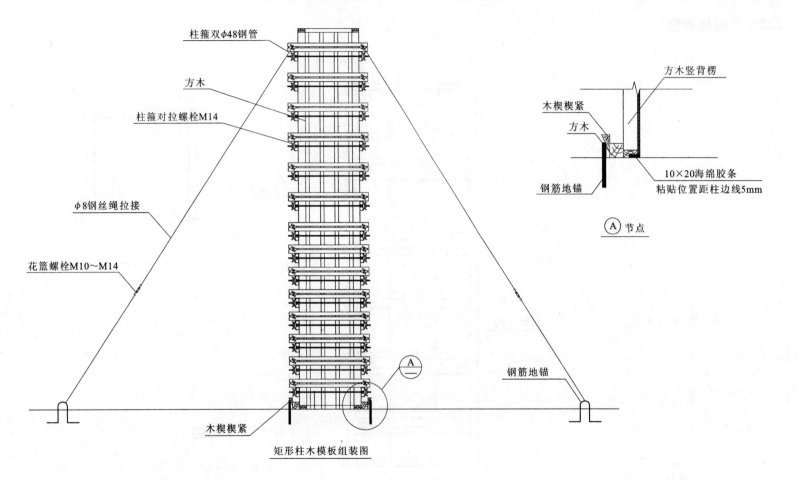

柱箍双φ48钢管

方木

柱箍对拉螺栓M14

φ8钢丝绳拉接

花篮螺栓M10～M14

方木竖背楞

木楔楔紧

方木

钢筋地锚

10×20海绵胶条
粘贴位置距柱边线5mm

Ⓐ 节点

A

木楔楔紧

钢筋地锚

矩形柱木模板组装图

注：1.柱箍采用双φ48钢管、方钢管、槽钢、方木，间距
　　　根据计算确定。
　　2.柱箍对拉螺栓规格根据计算确定。

	矩形柱木模板组装图		图号	2.2.2
设计	宇非凡	制图	审核	

66

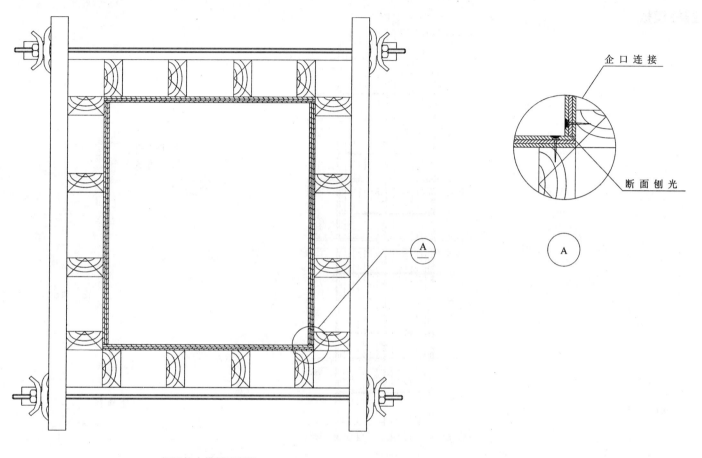

企口连接

断面刨光

A

矩形柱木模板平面图

注：柱箍横竖交错布置，不限于双钢管，可用方钢管、槽钢、方木代替。

	矩形柱木模板平面图			图号	2.2.3
	设计	宇林國	制图	虎小凤	审核	李瑞奉

2.3 圆柱模板

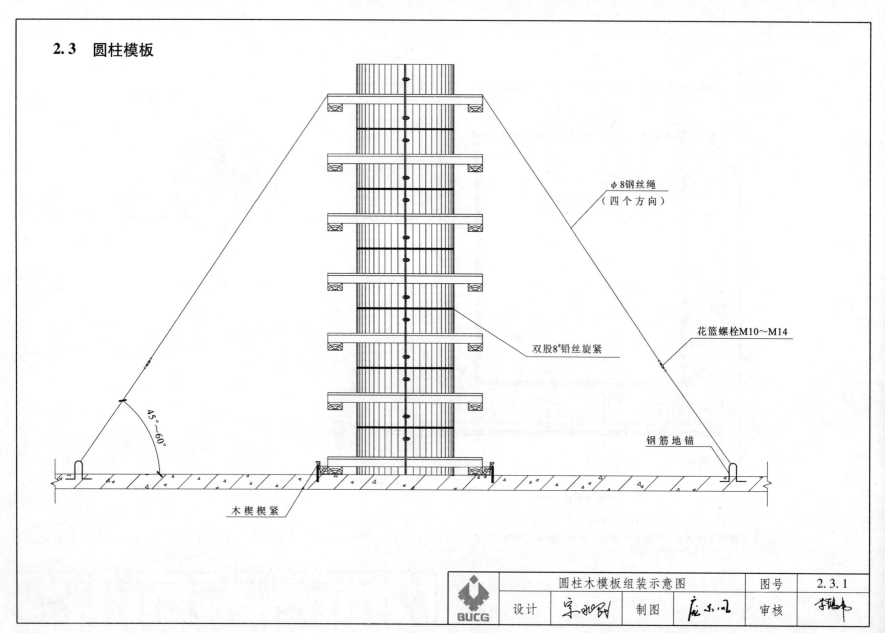

ϕ8钢丝绳
（四个方向）

花篮螺栓M10～M14

双股8″铅丝旋紧

钢筋地锚

45°～60°

木楔楔紧

圆柱木模板组装示意图			图号	2.3.1
设计	制图	审核		

68

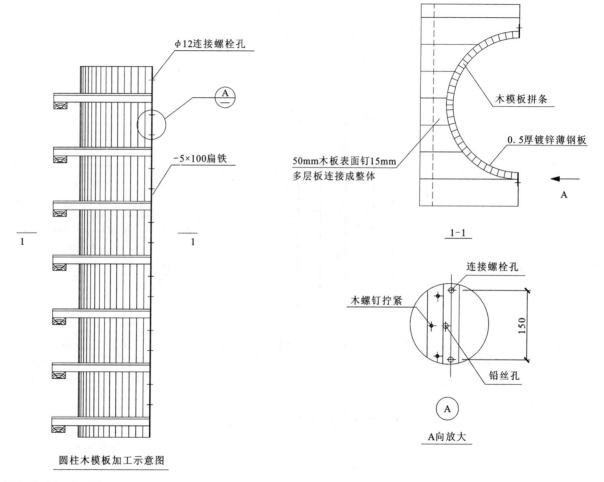

φ12连接螺栓孔

−5×100扁铁

木模板拼条

0.5厚镀锌薄钢板

50mm木板表面钉15mm
多层板连接成整体

1-1

连接螺栓孔

木螺钉拧紧

150

铅丝孔

A向放大

圆柱木模板加工示意图

注：木胶合板模板圆柱体系为现场拼装，适合现场圆柱数量较少，周转次数不多的情况。

	圆柱木模板加工示意图			图号	2.3.2
BUCG	设计	宇北阳	制图	审核	

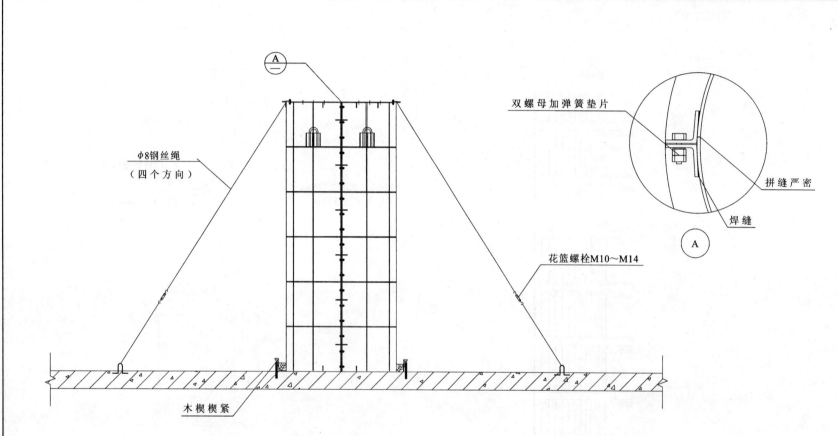

φ8钢丝绳
（四个方向）

双螺母加弹簧垫片

拼缝严密

焊缝

A

花篮螺栓M10～M14

木楔楔紧

圆柱钢模板组装示意图

注：1.每套圆柱模板进场使用前应预先拼装，并统一编号，
　　　避免混用。
　　2.钢柱模板拼装好后，应整体吊装安装。

	圆柱钢模板组装示意图	图号	2.3.3
BUCG	设计　宇北刚　制图　庞小亮	审核	李阳春

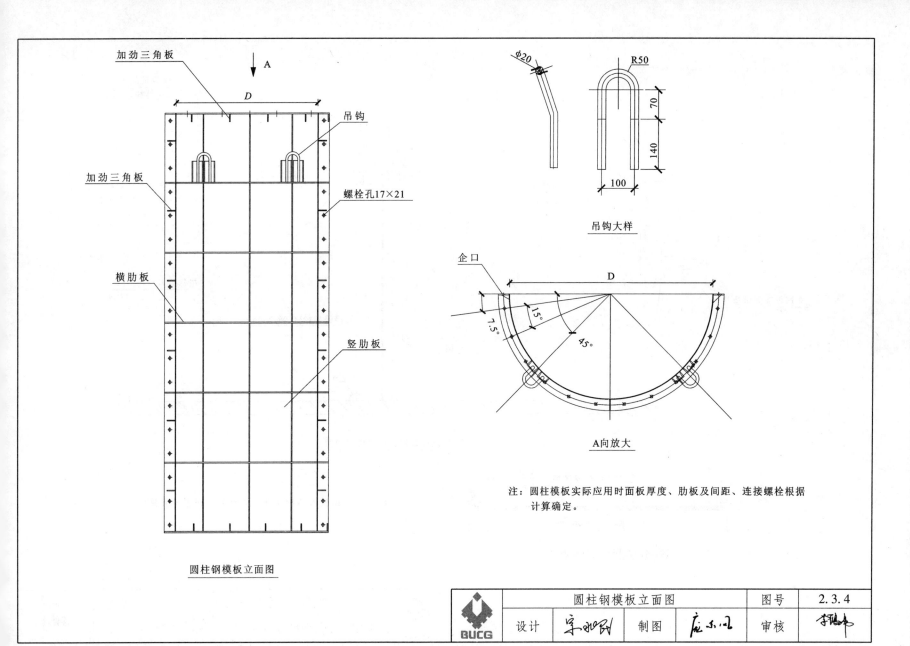

加劲三角板

A

D

吊钩

加劲三角板

螺栓孔17×21

横肋板

竖肋板

圆柱钢模板立面图

φ20

R50

70

140

100

吊钩大样

企口

D

15°

7.5°

45°

A向放大

注：圆柱模板实际应用时面板厚度、肋板及间距、连接螺栓根据
    计算确定。

	圆柱钢模板立面图		图号	2.3.4
设计	宇北民	制图	虎小二	审核	李阳春

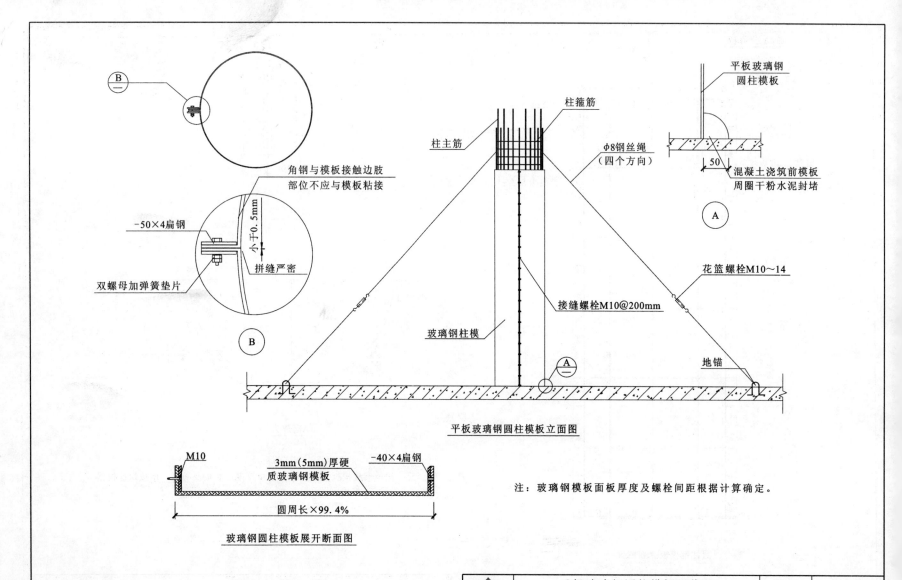

B

角钢与模板接触边肢
部位不应与模板粘接

−50×4扁钢

小于0.5mm

拼缝严密

双螺母加弹簧垫片

B

柱箍筋

柱主筋

φ8钢丝绳
（四个方向）

平板玻璃钢
圆柱模板

50

混凝土浇筑前模板
周圈干粉水泥封堵

A

花篮螺栓M10～14

接缝螺栓M10@200mm

玻璃钢柱模

A

地锚

平板玻璃钢圆柱模板立面图

M10

3mm（5mm）厚硬
质玻璃钢模板

−40×4扁钢

圆周长×99.4%

玻璃钢圆柱模板展开断面图

注：玻璃钢模板面板厚度及螺栓间距根据计算确定。

	平板玻璃钢圆柱模板组装图	图号	2.3.5
BUCG	设计 宇北利	制图 虎小工	审核 李阳春

2.4 连墙柱模板

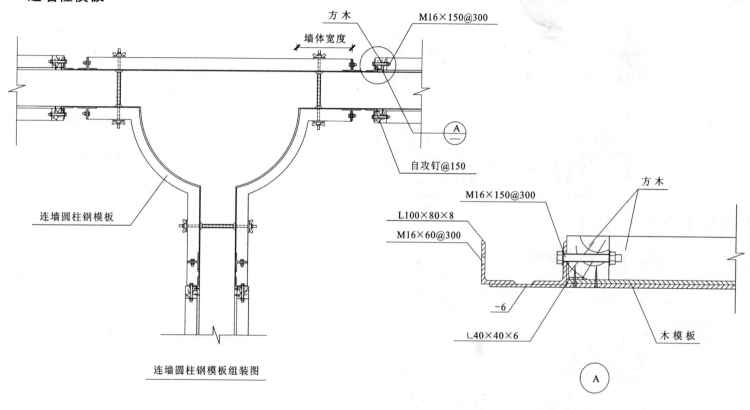

连墙圆柱钢模板

墙体宽度

方木

M16×150@300

A

自攻钉@150

连墙圆柱钢模板组装图

方木

M16×150@300

L100×80×8

M16×60@300

-6

L40×40×6

木模板

A

钢模板与木模板连接节点大样

连墙圆柱钢模板组装图		图号	2.4.1
设计	制图	审核	

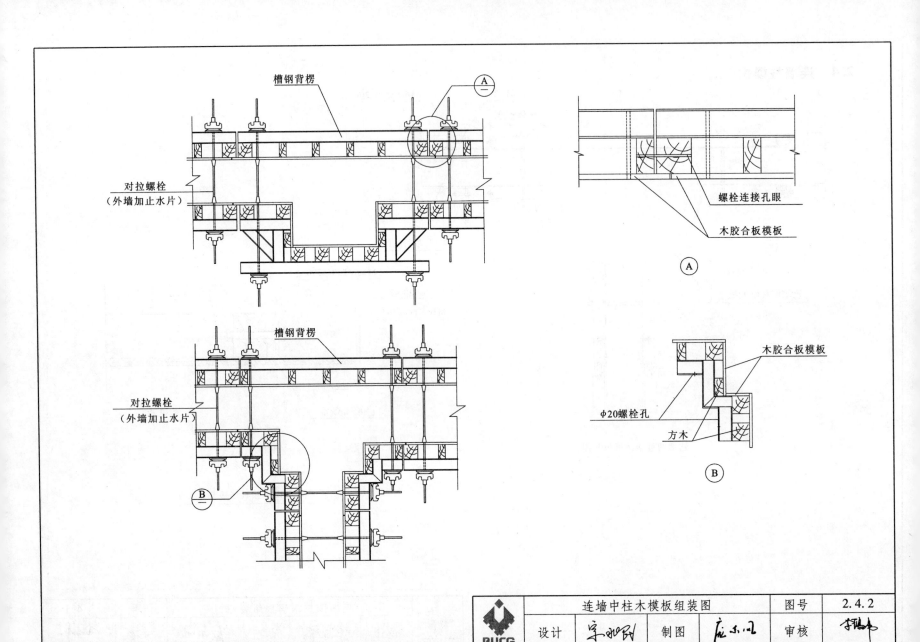

槽钢背楞

A

对拉螺栓
（外墙加止水片）

螺栓连接孔眼

木胶合板模板

A

槽钢背楞

对拉螺栓
（外墙加止水片）

木胶合板模板

Φ20螺栓孔

方木

B

B

连墙中柱木模板组装图	图号	2.4.2
设计	制图	审核

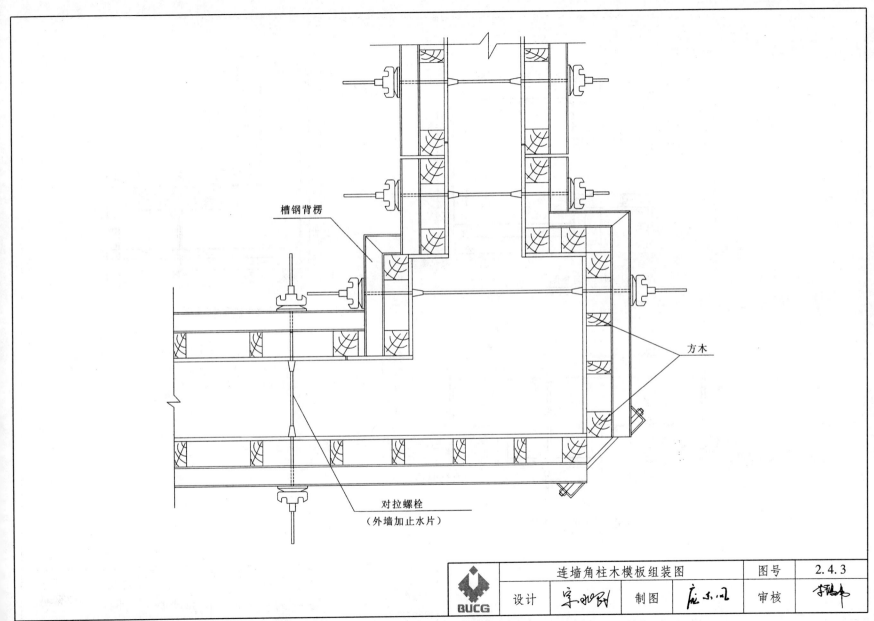

槽钢背楞

方木

对拉螺栓
（外墙加止水片）

	连墙角柱木模板组装图		图号	2.4.3
设计	宇北形	制图　庞小虹	审核	李瑞春

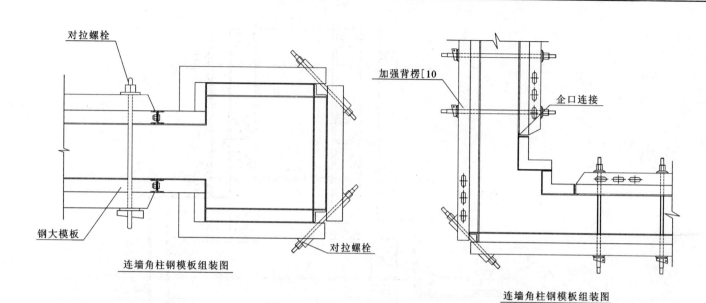

对拉螺栓

加强背楞[10

企口连接

钢大模板

对拉螺栓

连墙角柱钢模板组装图

连墙角柱钢模板组装图

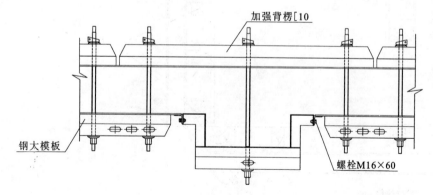

加强背楞[10

钢大模板

螺栓M16×60

连墙中柱钢模板组装图

连墙柱钢模板组装图			图号	2.4.4
设计	宇北阳	制图	庞小江	审核	李陆丰

第三章

梁板模板

3.1 梁板模板支撑体系说明

一、适用范围

适用于剪力墙、框架结构梁板模板的施工。

二、技术参数

1. 模板面板一般采用木（竹）胶合板，厚度一般为 12～18mm，主次龙骨可选用方木、方钢管、几字梁、U形梁、木工字梁等。各种材料的规格和数量均根据计算选用。

2. 模板竖向支撑系统一般采用碗扣式钢管支撑架、扣件式钢管支撑架、盘销式钢管支撑架、门式架、独立钢支撑等。支撑架立杆间距、横杆步距均根据计算确定。

3. 模壳是用于钢筋混凝土现浇密肋楼板的一种工具式模板，目前我国的模壳，主要采用玻璃纤维增强塑料和聚丙烯塑料制成，支模材料可选用快拆顶托、方木、方钢管、角钢、钢管，以及钢支柱（或门架）、钢（或木）龙骨、角钢（或木支撑）等支撑系统。

4. 支撑架立杆底部加垫板。

三、注意事项

1. 模板支撑架的构造要求需符合相关规范规定：

（1）采用扣件式钢管脚手架做模板支撑架，立杆伸出顶层水平杆中心线至支撑点的长度 a 不应超过 0.5m，满堂支撑架搭设高度不宜超过 30m，并根据架体类型设置剪刀撑，具体规定详见《建筑施工扣件式钢管脚手架安全技术规范》JGJ 130。

（2）采用碗扣式钢管脚手架做模板支撑架，立杆伸出顶层水平杆中心线至支撑点的长度 a 不应超过 0.7m，模板支撑架斜杆和剪刀撑的设置需满足《建筑施工碗扣式钢管脚手架安全技术规范》JGJ 166 的要求。当模架支设高度 >4m 时，须增加构造措施。

2. 当模架支设高度 ≥8m；搭设跨度 ≥18m，施工总荷载 ≥15kN/m^2，集中线荷载 ≥20kN/m 时，应组织专家对安全专项施工方案进行论证。

	梁板模板支撑体系说明		图号	3.1.1
设计	李云智	制图 王晓丽	审核	

3.2 剪力墙结构楼板模板

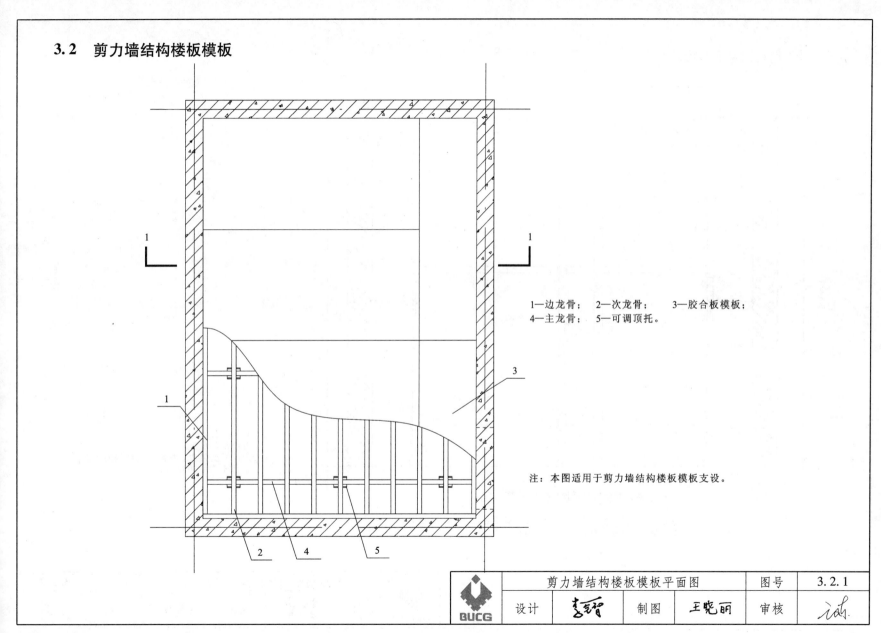

1—边龙骨；　2—次龙骨；　3—胶合板模板；
4—主龙骨；　5—可调顶托。

注：本图适用于剪力墙结构楼板模板支设。

剪力墙结构楼板模板平面图		图号	3.2.1
设计	李智	制图	王晓丽	审核	

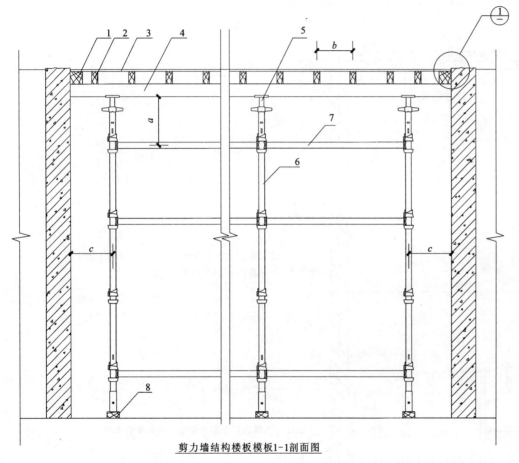

面板　5mm厚海绵条

边龙骨

① 1

注：a为自由端长度。
　　b为次龙骨间距。
　　c为模板支架边立杆距已完结构的距离，
　　　一般不大于300mm。

剪力墙结构楼板模板1-1剖面图

1—边龙骨；　　　2—次龙骨；　　　3—胶合板模板；　　　4—主龙骨；
5—可调顶托；　　6—立杆；　　　　7—横杆；　　　　　　8—垫木。

剪力墙结构楼板模板剖面图				图号	3.2.2
	设计	李云智	制图	王晓丽	审核	沈航

3.3 框架结构楼板模板

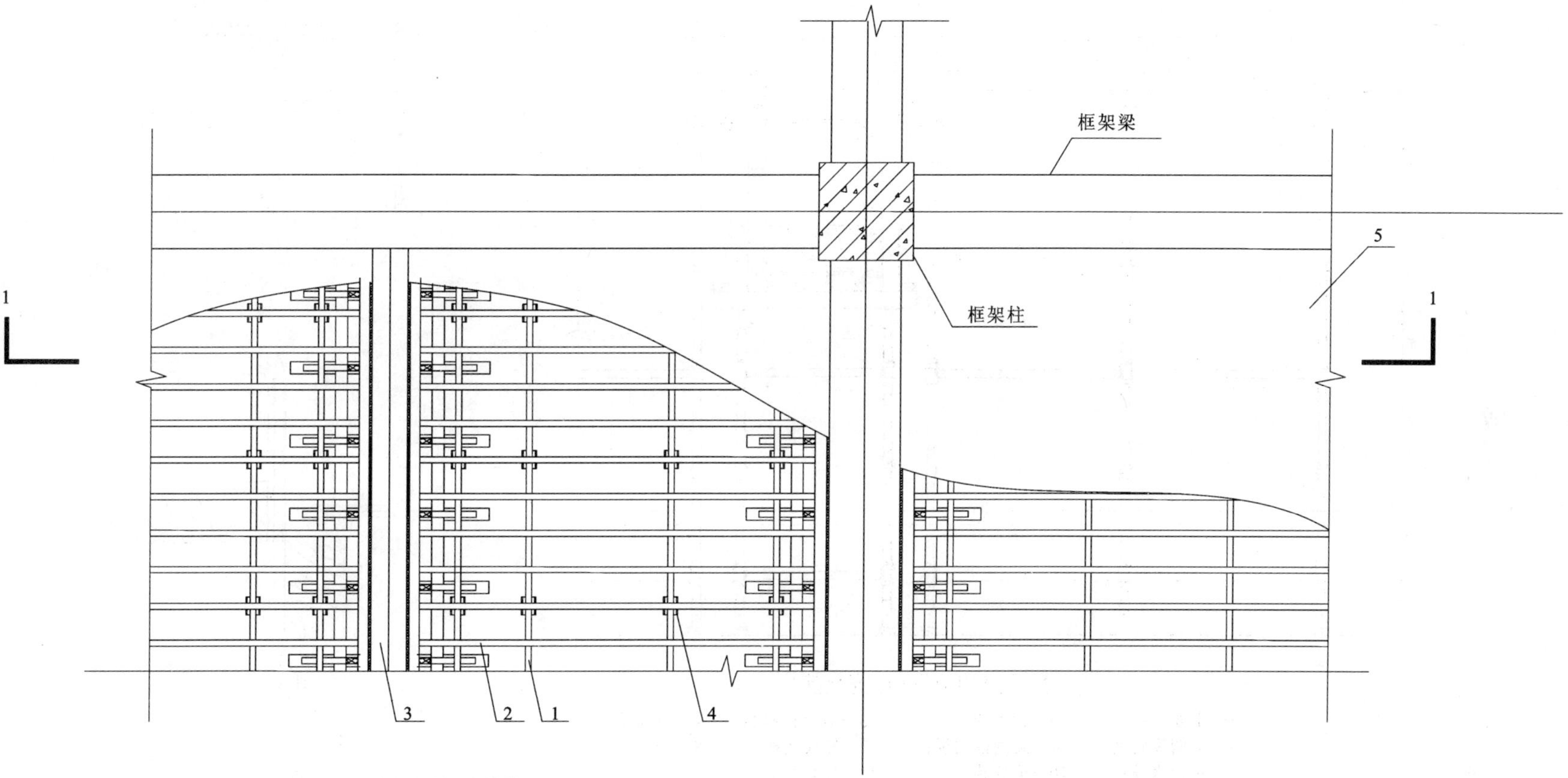

框架梁

框架柱

框架结构楼板模板平面图

1—主龙骨；　2—次龙骨；　3—次梁；　4—可调顶托；　5—胶合板模板。

	框架结构楼板模板平面图		图号		3.3.1
BUCG	设计	李智普	制图	王晓丽	审核

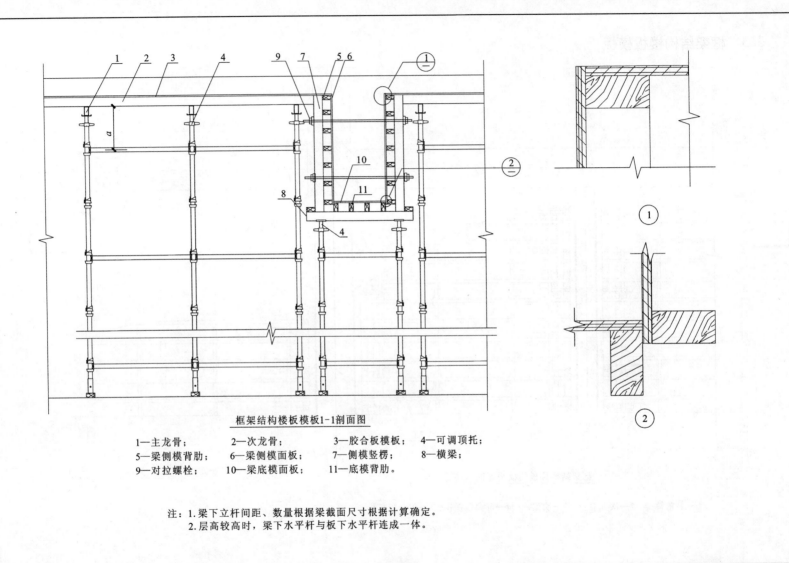

框架结构楼板模板1-1剖面图

1—主龙骨； 2—次龙骨； 3—胶合板模板； 4—可调顶托；
5—梁侧模背肋； 6—梁侧模面板； 7—侧模竖楞； 8—横梁；
9—对拉螺栓； 10—梁底模面板； 11—底模背肋。

注：1. 梁下立杆间距、数量根据梁截面尺寸根据计算确定。
2. 层高较高时，梁下水平杆与板下水平杆连成一体。

	框架结构梁板模板剖面图			图号	3.3.2
设计	李智智	制图	王晓丽	审核	许市.

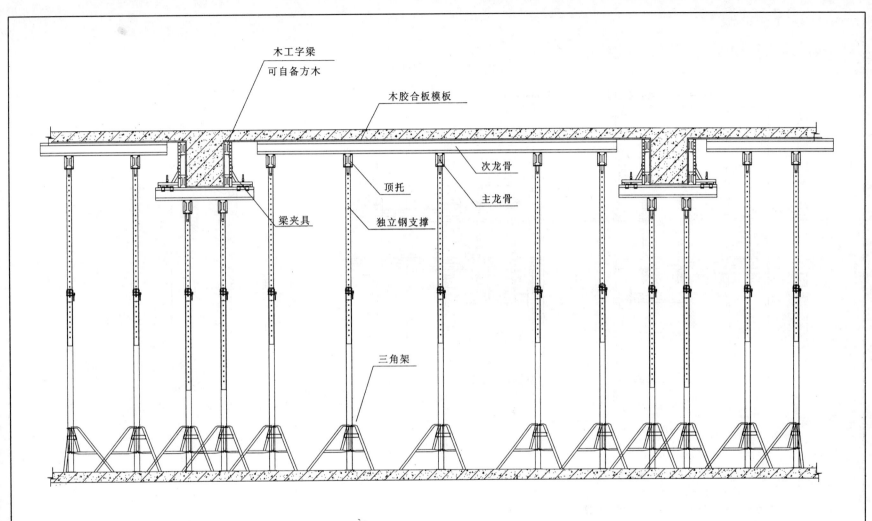

木工字梁

可自备方木

木胶合板模板

次龙骨

主龙骨

顶托

梁夹具

独立钢支撑

三角架

注：独立钢支撑间距根据计算确定。

	框架结构梁板模板支撑立面图	图号	3.3.3
BUCG	设计	制图	审核

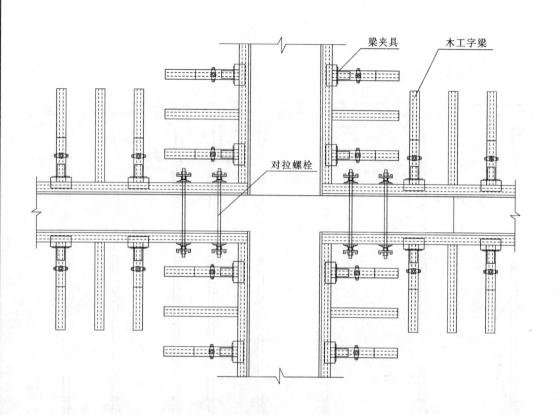

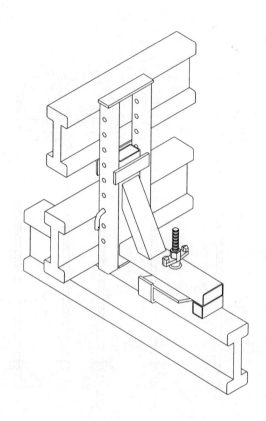

梁夹具

木工字梁

对拉螺栓

注：1. 梁夹具用于框架结构中梁侧模板的支撑。

2. 梁夹具间距根据计算确定。

3. 梁夹具无法安装时，采用对拉螺杆支撑方法。

	框架结构梁板模板支撑平面图	图号	3.3.4
BUCG	设计　　　　制图　　　　审核		

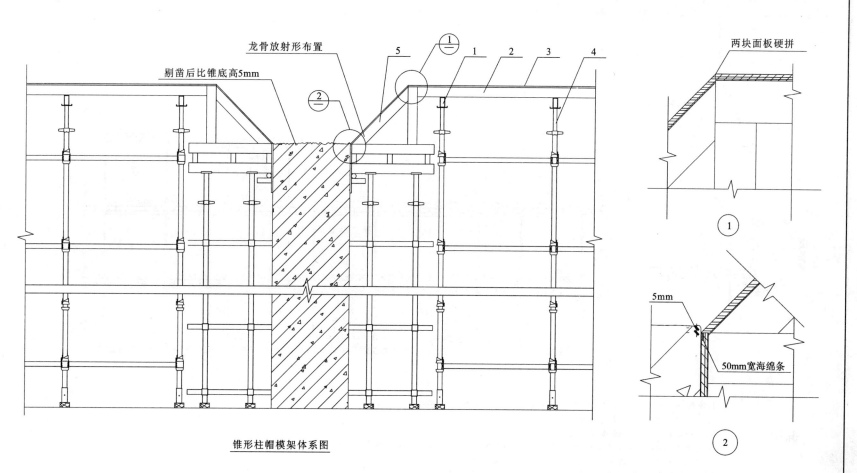

两块面板硬拼

龙骨放射形布置

剔凿后比锥底高5mm

5 ① 1 2 3 4

②

5mm

50mm宽海绵条

锥形柱帽模架体系图

1—主龙骨；2—次龙骨；3—胶合板模板；4—可调顶托；5—柱帽龙骨。

框架结构锥形柱帽楼板模板支设图		图号	3.3.5
BUCG	设计 李霞	制图 王晓丽	审核

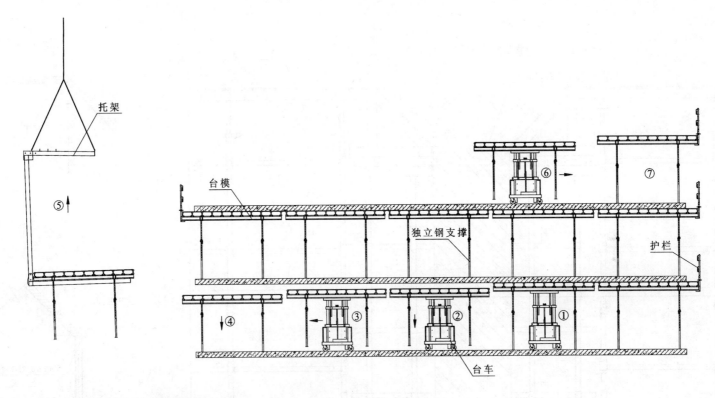

托架

台模

独立钢支撑

护栏

台车

⑤ ④ ③ ② ① ⑥ ⑦

注：1. 本图为台模在无梁框架结构楼板施工中的使用流程图。

2. 应根据现场施工进度安排确定支撑层数。

3. 图中所示台模支撑流程为：

①台车就位；②收钢支撑，降台车；③移动台模；④台模下落，台车移开；

⑤起吊；⑥移动台模；⑦台模就位，调钢支撑高度。

4. 台车尺寸为1.4m×1.3m，分为标准节和加高节，标准节顶升力为15kN，行程

为1.75~3.25m，标准节加一加高节顶升力为11kN，行程为2.5~3.9m。

5. 台模专用工具包括台车、托架等，与塔吊配合使用。

	无梁楼板台模支撑流程图	图号	3.3.6
BUCG	设计　　　制图　　　审核		

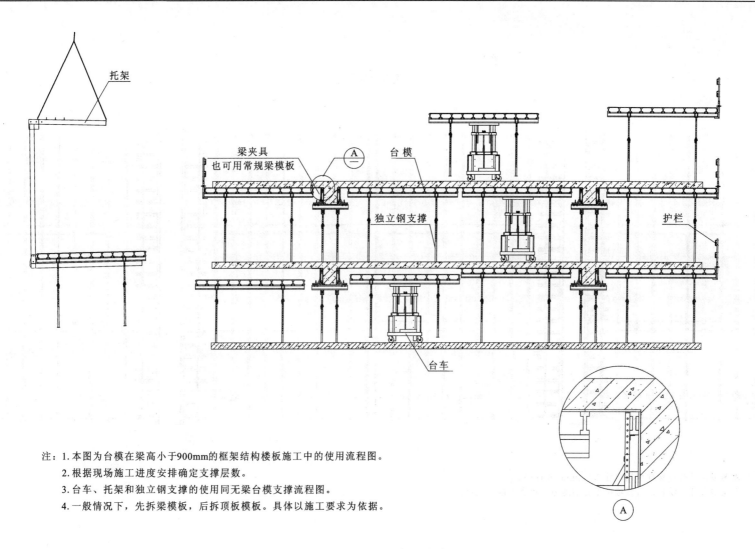

托架

梁夹具
也可用常规梁模板

A

台模

独立钢支撑

护栏

台车

A

注：1. 本图为台模在梁高小于900mm的框架结构楼板施工中的使用流程图。
2. 根据现场施工进度安排确定支撑层数。
3. 台车、托架和独立钢支撑的使用同无梁台模支撑流程图。
4. 一般情况下，先拆梁模板，后拆顶板模板。具体以施工要求为依据。

有梁楼板台模支撑流程图		图号	3.3.7
设计	制图	审核	

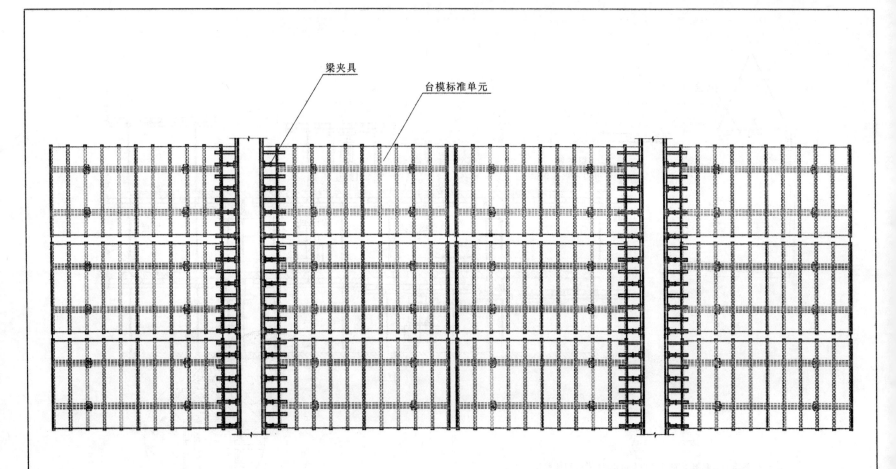

梁夹具

台模标准单元

注：1. 本图采用的台模标准单元尺寸为2440mm×4880mm。
　　2. 在结构尺寸无法使用台模标准单元的地方，可支设散支模板。

	台模平面布置图		图号	3.3.8
BUCG	设计	制图	审核	

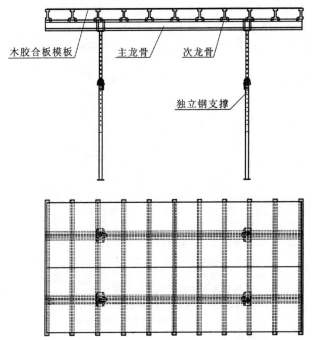

木胶合板模板　　主龙骨　　次龙骨

独立钢支撑

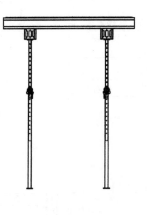

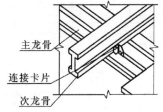

主龙骨

连接卡片

次龙骨

注：根据计算确定主龙骨、次龙骨和独立钢支撑的数量及间距。

	台模标准单元图		图号	3.3.9
设计		制图	审核	

3.4 密肋楼盖模壳

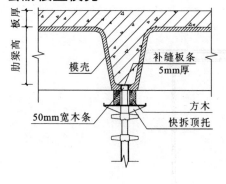

A-A剖面

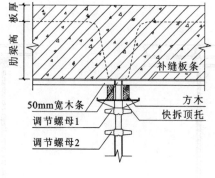

B-B剖面

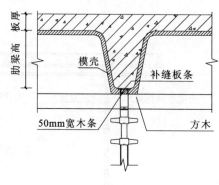

C-C剖面

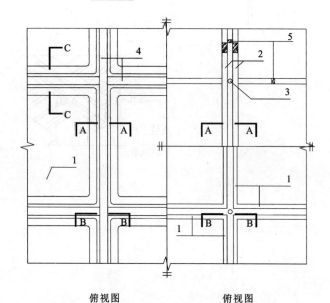

俯视图   俯视图

模壳支撑体系安装示意图一

注：1. 本模壳支撑体系所用材料为：快拆顶托、
50mm×100mm方木、50mm宽木条、补缝板
条。
2. 本支撑体系为快拆体系，拆除顺序为：降
下快拆顶托→拆除模壳下50mm×100mm方木
→拆除模壳。快拆顶托丝杠及其上50mm宽
木条后拆。

1—模壳;   2—50mm×100mm方木;
3—快拆顶托;   4—补缝板条;
5—50mm宽木条。

密肋楼盖模壳支撑体系安装示意图（一）		图号	3.4.1
设计	制图	审核	

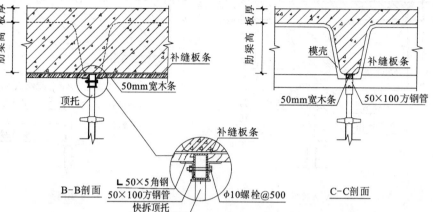

A-A剖面

B-B剖面

C-C剖面

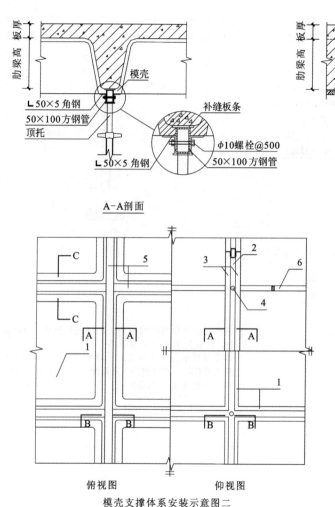

俯视图　　　　　　仰视图

模壳支撑体系安装示意图二

1—模壳；
2—50×100方钢管；
3— ∟50×5等边角钢；
4—快拆顶托；
5—补缝板条；
6—50mm宽木条。

注：1.本模壳支撑体系所用材料为：快拆顶托、
　　　50×100×3方钢管、∟50×5等边角钢、φ10
　　　连接螺栓、补缝板条。
　　2.本支撑体系为快拆体系，拆除顺序为：拆
　　　除φ10连接螺栓→拆除模壳下∟50×5等边
　　　角钢→拆除模壳。快拆顶托丝杠及其上
　　　50×100方钢管后拆。

	密肋楼盖模壳支撑体系安装示意图（二）	图号	3.4.2
	设计　　　　　制图　　　　　审核		

91

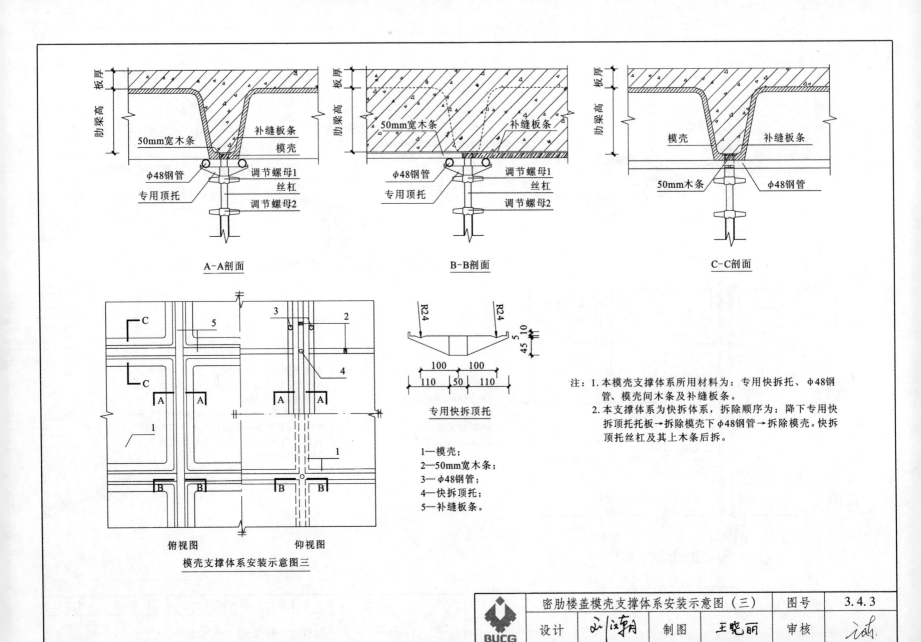

A-A剖面

板厚
肋梁高
50mm宽木条
补缝板条
模壳
φ48钢管
调节螺母1
专用顶托
丝杠
调节螺母2

B-B剖面

板厚
肋梁高
50mm宽木条
补缝板条
φ48钢管
调节螺母1
专用顶托
丝杠
调节螺母2

C-C剖面

板厚
肋梁高
模壳
补缝板条
50mm木条
φ48钢管

C
5
3
2
4
A A   A A
1
B B   B B
1

俯视图   仰视图

模壳支撑体系安装示意图三

R24   R24
5 10
45
100 100
110 50 110

专用快拆顶托

1—模壳;
2—50mm宽木条;
3—φ48钢管;
4—快拆顶托;
5—补缝板条。

注：1. 本模壳支撑体系所用材料为：专用快拆托、φ48钢
管、模壳间木条及补缝板条。
2. 本支撑体系为快拆体系,拆除顺序为：降下专用快
拆顶托托板→拆除模壳下φ48钢管→拆除模壳。快拆
顶托丝杠及其上木条后拆。

| 密肋楼盖模壳支撑体系安装示意图（三） | 图号 | 3.4.3 |
| 设计 | 制图 | 审核 |

BUCG

3.5 早拆模板体系

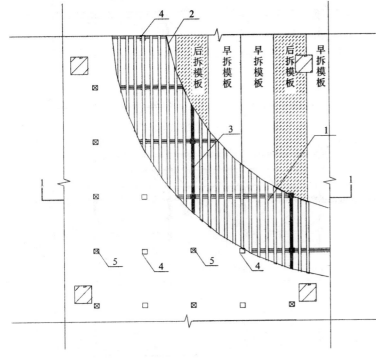

平面示意图

注：1.本早拆支撑方式适用于无梁楼板。
2.支撑架为独立钢支撑。
3.所有后拆支撑架上下楼层必须在同一位置。

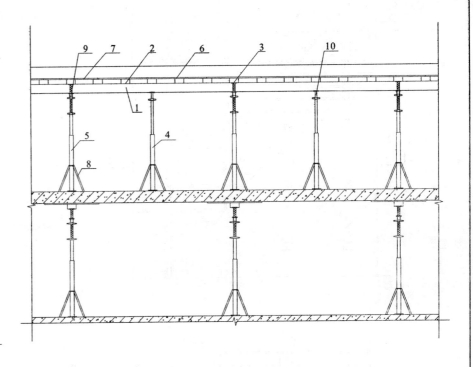

1-1剖面图

1—主龙骨；	2—早拆次龙骨；	3—后拆次龙骨；	4—早拆支撑；
5—后拆支撑；	6—早拆模板；	7—后拆模板；	8—三角架；
9—早拆顶托；	10—普通顶托。		

	无梁楼板结构早拆模板（一）		图号	3.5.1
BUCG	设计	李臻	制图	张暖暖	审核	试

93

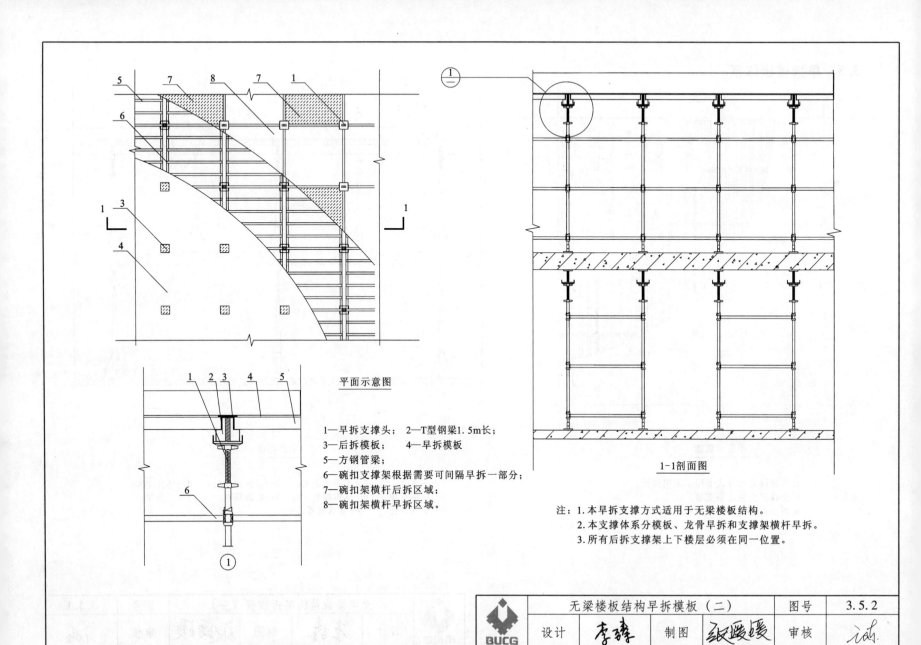

平面示意图

1—早拆支撑头； 2—T型钢梁1.5m长；
3—后拆模板； 4—早拆模板
5—方钢管梁；
6—碗扣支撑架根据需要可间隔早拆一部分；
7—碗扣架横杆后拆区域；
8—碗扣架横杆早拆区域。

1-1剖面图

注：1.本早拆支撑方式适用于无梁楼板结构。
    2.本支撑体系分模板、龙骨早拆和支撑架横杆早拆。
    3.所有后拆支撑架上下楼层必须在同一位置。

无梁楼板结构早拆模板（二）		图号	3.5.2
设计	李臻	制图	张暖暖	审核	

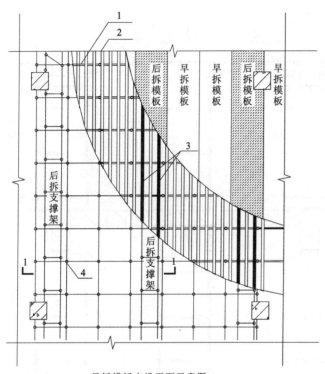

早拆模板支设平面示意图

注：1. 本早拆支撑方式适用于无梁楼板。
　　2. 支撑架为普通碗扣架支撑。
　　3. 所有后拆支撑架上下楼层必须在同一位置。

1—早拆主龙骨；　　2—早拆次龙骨；　　3—后拆次龙骨；
4—早拆支撑；　　　5—后拆支撑；　　　6—早拆模板；
7—后拆模板。

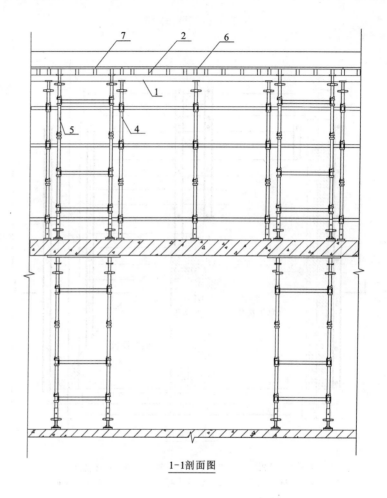

1-1剖面图

无梁楼板结构早拆模板（三）	图号	3.5.3
设计 李臻	制图 张暖暖	审核

95

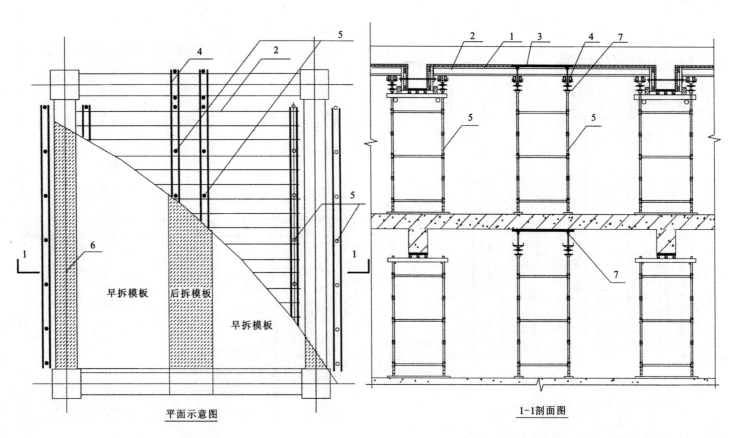

平面示意图

1—早拆模板；　2—早拆次龙骨；　3—后拆模板；
4—早拆主龙骨；　5—后拆支撑；　6—后拆梁底模板；
7—早拆顶托。

1-1剖面图

注：1.本早拆支撑方式适用于有梁结构楼板。
2.本图支撑为快拆头和普通碗扣式钢管脚手架组合，也可采用独立钢支撑。
3.所有后拆支撑架上下楼层必须在同一位置。

	有梁楼板结构早拆模板		图号	3.5.4
BUCG	设计	李臻	制图	张暖暖	审核	

3.6 斜面楼板模板

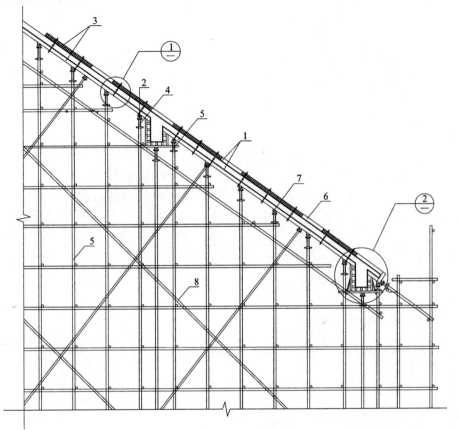

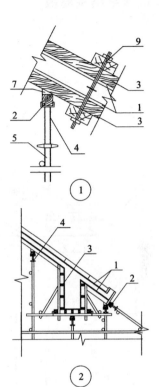

1—木（竹）胶合板模板；	2—100mm×100mm方木；	3—50mm×100mm方木；	注：当楼板倾斜角度较小时，可采用单面模板支设。
4—顶托；	5—扣件式钢管脚手架；	6—混凝土浇筑口；	
7—木楔子；	8—剪刀撑；	9—螺栓加止水钢板。	

	斜面楼板模板支设图		图号	3.6.1
BUCG	设计 李晋智	制图 王晓丽	审核	述

3.7 其他水平结构模板

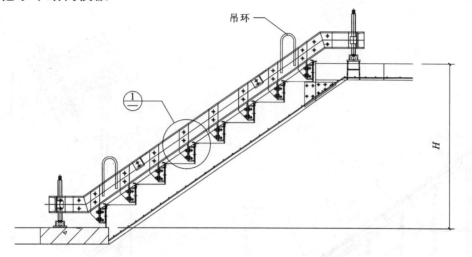

吊环

①

H

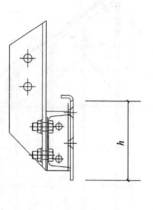

h

①

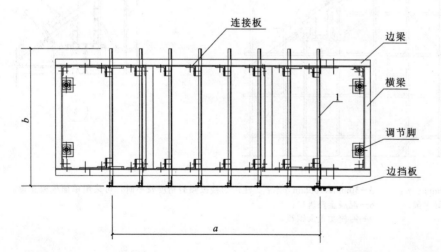

连接板

边梁

横梁

b

调节脚

边挡板

a

1

注：a为楼梯长度投影；
  b为楼梯宽度；
  h为踏步高度；
  H为楼梯高度。

整体式楼梯踏步钢板图		图号	3.7.1
设计	制图	审核	

BUCG

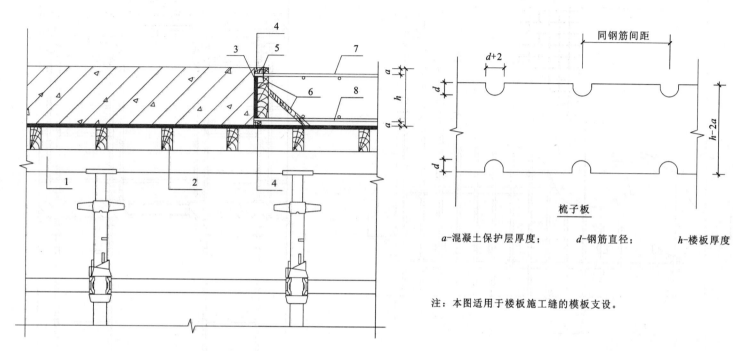

同钢筋间距

a

h

a

$d+2$

d

$h-2a$

d

梳子板

a-混凝土保护层厚度；　　　d-钢筋直径；　　　h-楼板厚度

注：本图适用于楼板施工缝的模板支设。

楼板施工缝模板支设剖面图

1—主龙骨；　　2—次龙骨；　　3—梳子板；　　4—通长木条(同保护层厚)；
5—圆钉；　　6—方木支撑；　　7—上部钢筋；　　8—下部钢筋。

楼板施工缝模板支设图	图号	3.7.2
设计　裴如群　制图　王晓丽　审核		

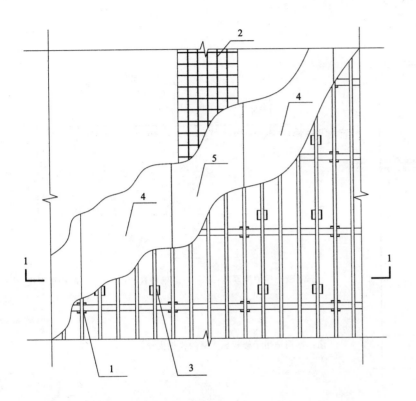

楼板后浇带模板支设图

1—楼板支撑系统；　　　2—后浇带内钢筋；　　　3—后浇带独立支撑系统；
4—后拆模板；　　　　　5—先拆模板。

注：1.后浇带模板应单独支设。
　　2.各层后浇带支撑立柱应上下对准。
　　3.后浇带侧模板可选用快易收口网或梳子板。

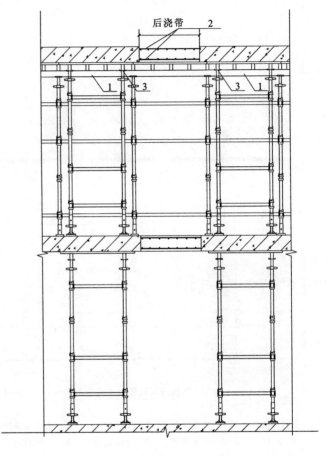

1-1剖面图

	楼板后浇带模板支设图	图号	3.7.3
BUCG	设计　裴加科　制图　张暖暖　审核　试		

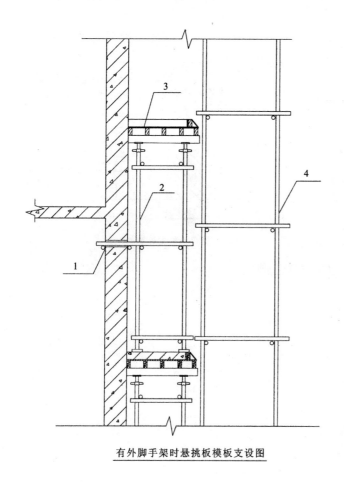

有外脚手架时悬挑板模板支设图

无外脚手架时悬挑板模板支设图

1—预留洞；　　　2—模板支架；　　　3—模板；
4—外脚手架；　　5—操作平台；　　　6—护身栏。

| | 后浇小型悬挑板模架图 | | 图号 | 3.7.4 |
| BUCG | 设计 | 裴如群 | 制图 | 王晓丽 | 审核 | | |

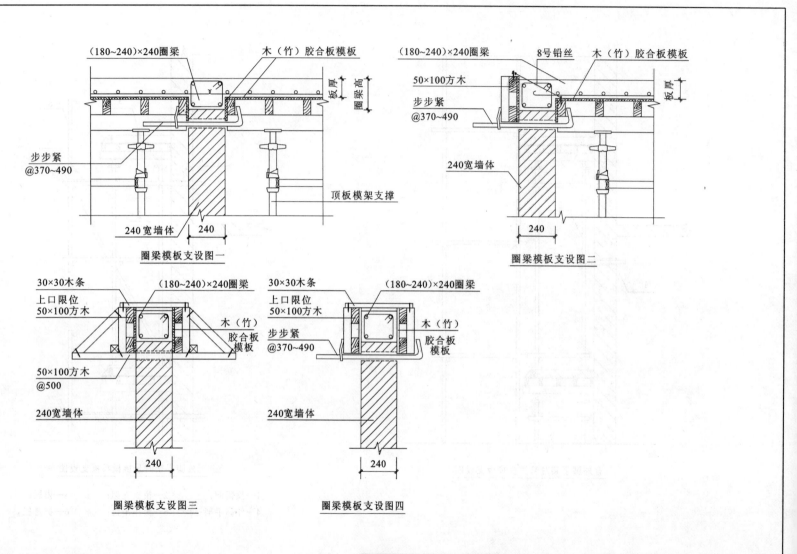

(180~240)×240圈梁　　　　　　　木（竹）胶合板模板

步步紧
@370~490

顶板模架支撑

240宽墙体　　　240

圈梁模板支设图一

(180~240)×240圈梁　　8号铅丝　　木（竹）胶合板模板

50×100方木

步步紧
@370~490

240宽墙体

240

圈梁模板支设图二

30×30木条　　　　　　(180~240)×240圈梁
上口限位
50×100方木

木（竹）
胶合板
模板

50×100方木
@500

240宽墙体

240

圈梁模板支设图三

30×30木条　　　　　　(180~240)×240圈梁
上口限位
50×100方木

步步紧
@370~490

木（竹）
胶合板
模板

240宽墙体

240

圈梁模板支设图四

砖混结构圈梁模板支设图		图号	3.7.5
设计	制图	审核	

3.8 梁柱节点模板

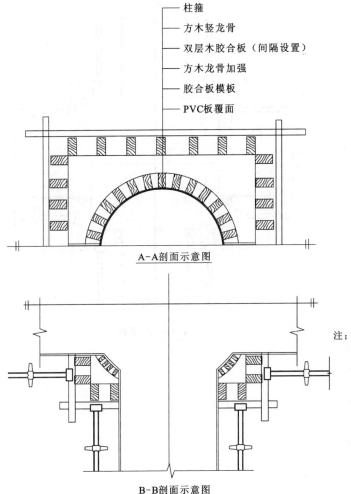

柱箍
方木竖龙骨
双层木胶合板（间隔设置）
方木龙骨加强
胶合板模板
PVC板覆面

A-A剖面示意图

B-B剖面示意图

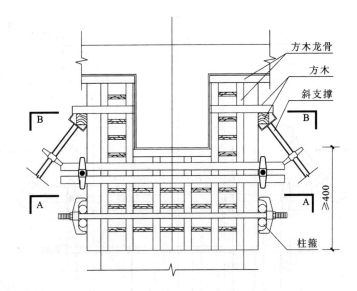

方木龙骨
方木
斜支撑
柱箍

梁柱（圆柱）节点模板立面图

注：1.梁柱节点模板采用方木、竹（木）胶合板、PVC板等制作成带梁豁的柱模。

2.梁豁以下柱模长度不小于400mm，并设两道柱箍，该柱箍可采用钢管柱箍、定型槽钢柱箍或方木柱箍。

3.梁豁高度范围内的柱模主龙骨结合梁模支设方法，可选用钢管或方木。其斜支撑采用钢管、顶托与梁板支撑连接牢固。

4.梁豁模板制作时，紧靠梁豁周边的模板背后加设经刨光的方木，在梁豁周边（方木与胶合板组成的平面上）钉50mm宽胶合板带，梁底模、侧模与该板带平接，且与梁豁周边的方木固定牢固。

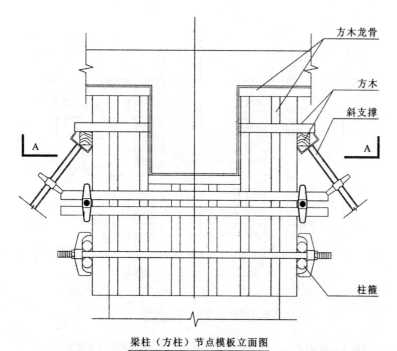

梁柱（方柱）节点模板立面图

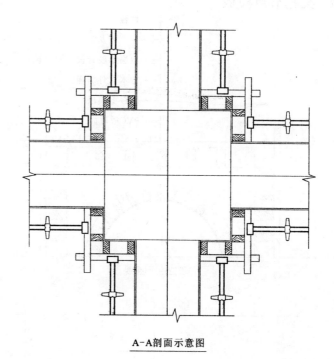

A-A剖面示意图

方木龙骨

方木

斜支撑

柱箍

注：1. 梁柱节点模板采用竹（木）胶合板制作成带梁豁的柱模组合而成。
　　2. 梁豁以下柱模长度不小于400mm，并设两道柱箍，该柱箍可采用钢管
　　　 柱箍、定型槽钢柱箍或方木柱箍。
　　3. 梁豁高度范围内的柱模主龙骨结合梁模支设方法，可选用钢管或方木。
　　　 其斜支撑采用钢管、顶托与梁板支撑连接牢固。
　　4. 梁豁模板制作时，紧靠梁豁周边的模板背后加设经刨光的方木，在梁
　　　 豁周边（方木与胶合板组成的平面上）钉50mm宽胶合板板带，梁底模、
　　　 侧模与该板带平接，且与梁豁周边的方木固定牢固。

梁柱节点模板图（方柱）		图号	3.8.2
设计	卢喜成	制图 王晓丽	审核

3.9 清水混凝土梁板模板

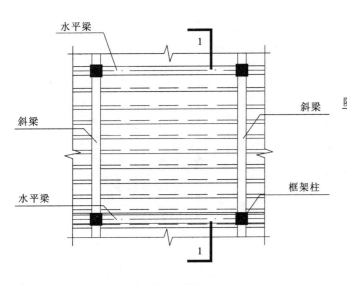

看台板结构平面图

注：1.本图适用于大型体育场馆现浇看台板模板施工。
　　2.本支撑体系所用材料主要有：碗扣式钢管脚手架、扣件式钢管
　　　脚手架、方木、对拉螺栓、胶合板模板等。

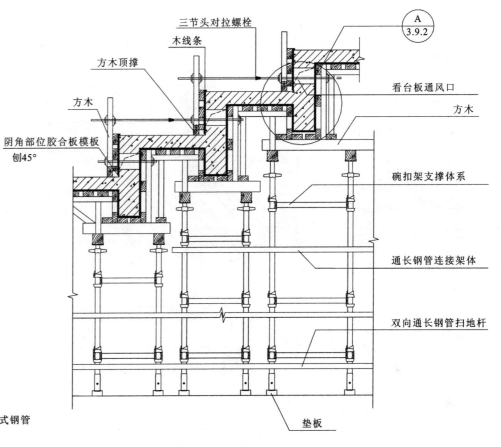

看台板模板1-1剖面图

现浇清水混凝土看台梁板模板图（一）		图号	3.9.1
设计	制图	审核	

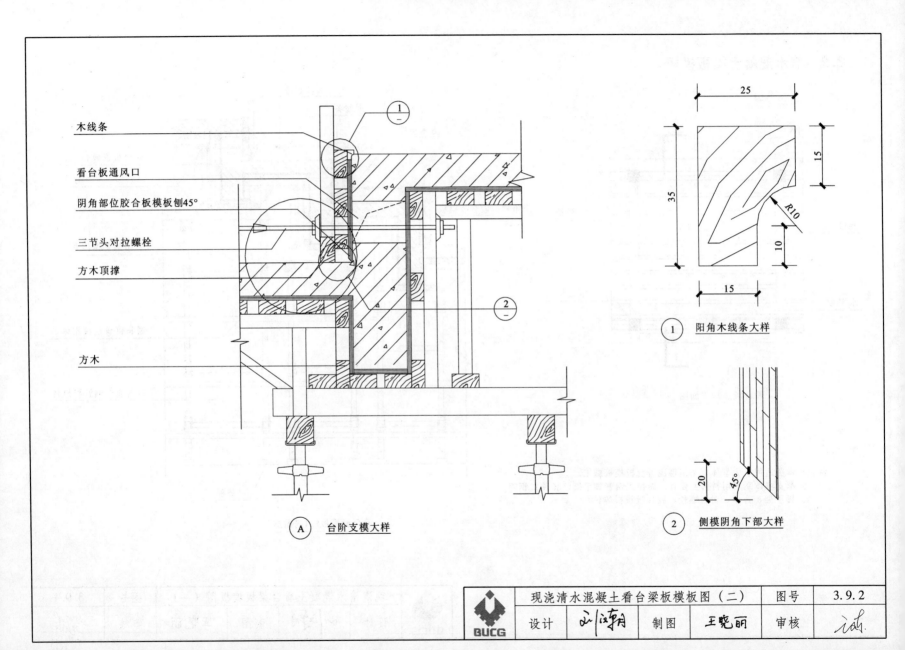

木线条

看台板通风口

阴角部位胶合板模板刨45°

三节头对拉螺栓

方木顶撑

方木

25

15

R10

10

35

15

① 阳角木线条大样

20

45°

② 侧模阴角下部大样

Ⓐ 台阶支模大样

现浇清水混凝土看台梁板模板图（二）	图号	3.9.2
设计　正注朝　制图　王晓丽　审核		

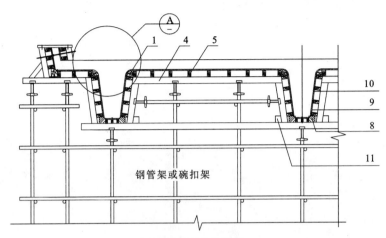

清水混凝土模板支设图

钢管架或碗扣架

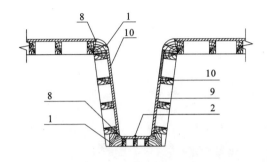

梁模板支设图

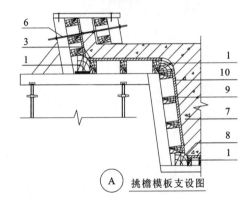

A 挑檐模板支设图

注：1.本图用于有清水要求的顶板模板支设。
　　2.清水楼板模板面板选用优质15~18mm厚木胶合板，次龙骨
　　　采用50mm×100mm方木，主龙骨采用100mm×100mm方木或
　　　50mm×100mm×3mm方钢管。
　　3.面板间采用硬拼缝，模板表面贴一层地板革（胶粘）。

1—定制木线条；　　2—定制木线条气钉固定；　　3—滴水线条；　　4—主龙骨；
5—次龙骨；　　　　6—对拉螺栓；　　　　　　　7—异性梁；　　8—企口接缝；
9—胶合板模板；　　10—表面贴一层地板革；　　11—锁口方木。

	密肋梁板清水混凝土模板图	图号	3.9.3
BUCG	设计　山汉朝　制图　王晓丽　审核		

第四章

脚手架及支撑架

4.1 脚手架

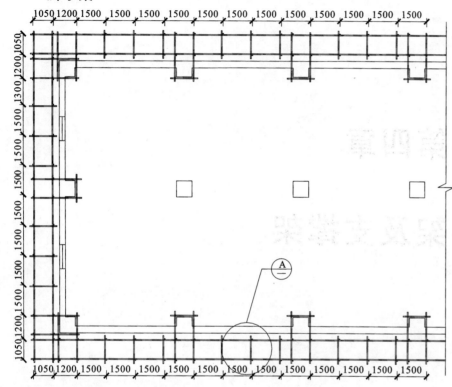

注：1.落地双排扣件式脚手架架体高度H<50m时，立杆横距≤1.05m，
    立杆纵距≤1.5m,立杆步距h≤1.8m。H<40m或h<1.6m不设双立杆；
    H>40m且h=1.8m时，双立杆高度>18m；h=1.7m时，双立杆高度
    >12m。架体具体尺寸根据计算确定。

2.纵向水平杆设在立杆内侧，其长度不宜小于3跨，主节点必须设置
    横向水平杆，横向水平杆放置在纵向水平杆上部。

3.纵向水平杆接长均采用对接扣件连接，且连接接头错开，
    如Ⓐ所示。

	双排落地脚手架平面图	图号	4.1.1
设计	制图	审核	

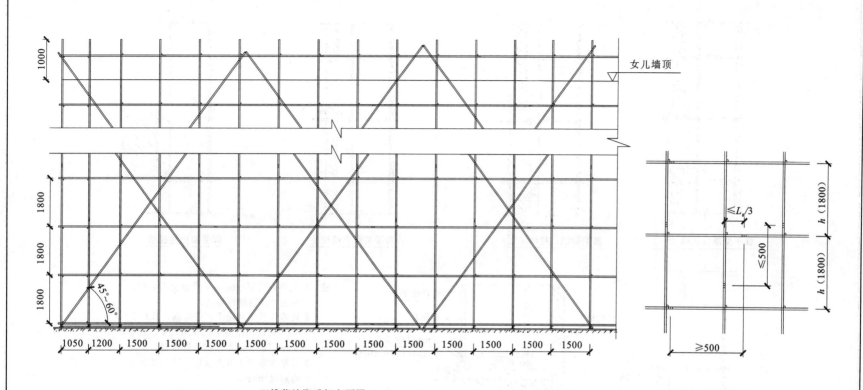

双排落地脚手架立面图

不同步距杆件接头

注：1.脚手架必须设置纵横向扫地杆，纵向扫地杆距脚手架底部不大
      于200mm；横向扫地杆在纵向扫地杆下部。
   2.架体高度小于24m时，架体外侧两端由底到顶连续设置剪刀撑，
      剪刀撑之间的净距＜15m。

3.架体高度大于24m时，架体外侧整长和整高方向连续设置剪刀撑。
4.立杆顶端应高出女儿墙上皮1m，高出檐口上皮1.5m。

	双排落地脚手架立面图	图号	4.1.2
设计	宋业阳	制图	虎小闯	审核	于阳春

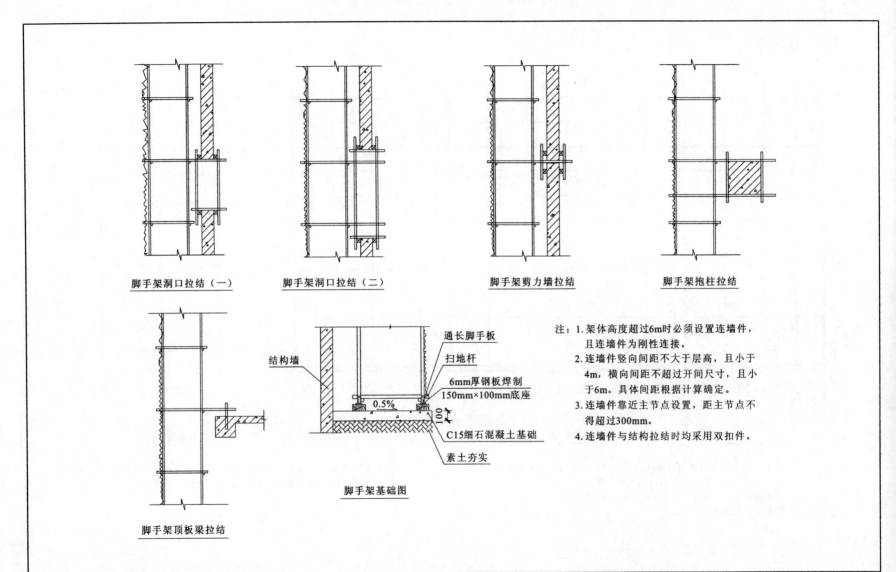

脚手架洞口拉结（一）　　脚手架洞口拉结（二）　　　脚手架剪力墙拉结　　　　脚手架抱柱拉结

脚手架基础图

脚手架顶板梁拉结

注：1.架体高度超过6m时必须设置连墙件，
　　　且连墙件为刚性连接。
　　2.连墙件竖向间距不大于层高，且小于
　　　4m，横向间距不超过开间尺寸，且小
　　　于6m。具体间距根据计算确定。
　　3.连墙件靠近主节点设置，距主节点不
　　　得超过300mm。
　　4.连墙件与结构拉结时均采用双扣件。

双排落地脚手架节点图		图号	4.1.3
设计	制图	审核	

4.2 悬挑架

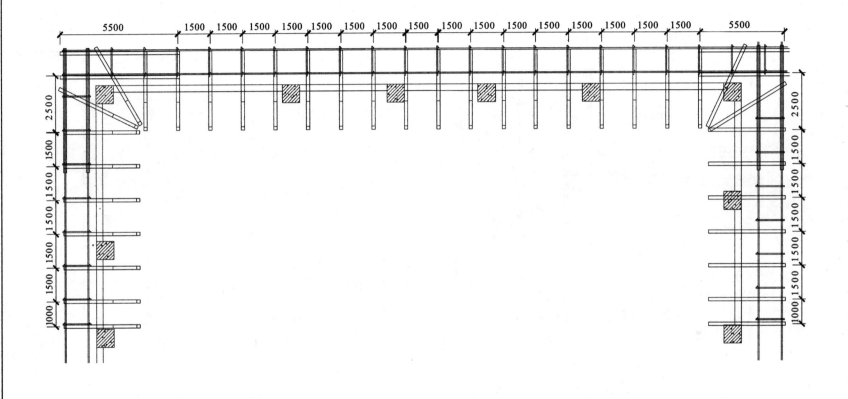

	悬挑架平面图			图号	4.2.1
BUCG	设计		制图	审核	

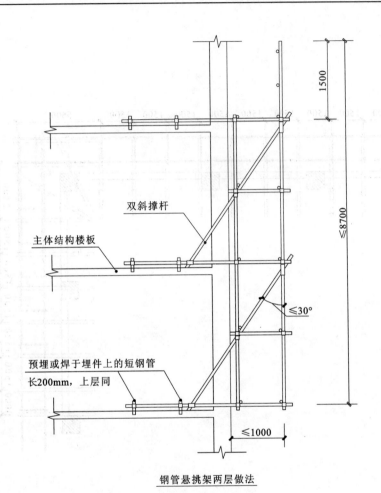

双斜撑杆

主体结构楼板

≤30°

预埋或焊于埋件上的短钢管
长200mm,上层同

≤1000

钢管悬挑架两层做法

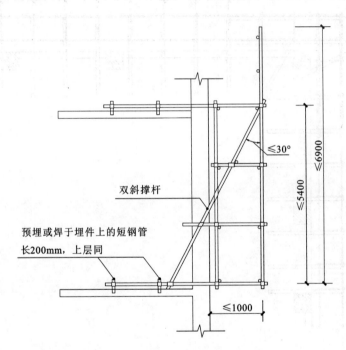

≤30°

双斜撑杆

预埋或焊于埋件上的短钢管
长200mm,上层同

≤1000

钢管悬挑架单层做法

注:钢管悬挑架体的单层搭设高度不得超过5.4m(右图),双层
搭设高度不得超过7.2m(左图)。

| BUCG | 钢管悬挑架支设图 | | 图号 | 4.2.2 |
| | 设计 | 制图 | 审核 | |

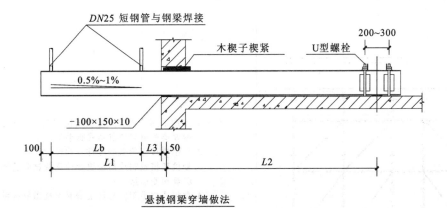

悬挑钢梁穿墙做法

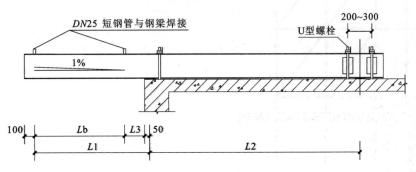

悬挑钢梁楼面做法

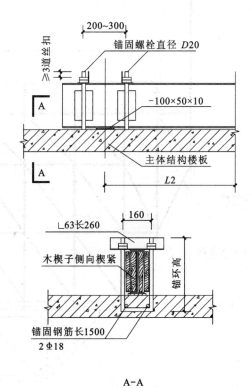

A-A

悬挑梁末端固定做法

注：1. L1-悬挑长度；L2-锚固长度；L3-外架立杆距墙距离；Lb-外架宽度。
　　2.悬挑钢梁的总长度宜取悬挑长度的2.5倍，悬挑工字钢间距、型号选用、卸载方法
　　　应按计算确定。

悬挑式脚手架悬挑钢梁支设图	图号	4.2.3

设计	制图	审核

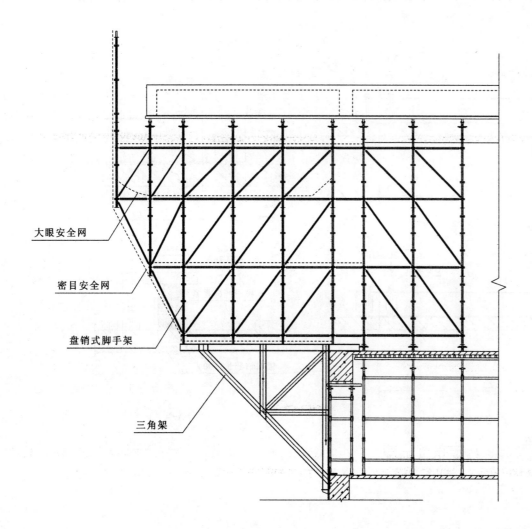

大眼安全网

密目安全网

盘销式脚手架

三角架

注：1.本图适用于高空大悬挑结构支架，可采用型
钢焊接三角架和盘销式脚手架。
2.型钢焊接三角架应进行专业设计。
3.悬挑架搭设完成后应进行预压载试验检测下
沉量和变形量。
4.盘销式脚手架应与已浇混凝土柱做好拉结。

	悬挑支撑架模板支设图			图号	4.2.4
BUCG	设计	裴如科	制图	王晓丽	审核	袱

4.3 附着式升降脚手架

一、适用范围

各种结构形式和几何截面的高层、超高层建筑（构筑）物施工，包括剪力墙、框架、框剪、筒体结构等。

二、技术要求

1. 爬架机构

（1）附着装置：导轨、可调拉杆、连墙挂板、销轴、穿墙螺栓、预埋件、垫板。

（2）承载构件：限位锁、锁夹、斜拉钢丝绳。

（3）提升构件：提升滑轮组件、提升挂座、提升钢丝绳。

（4）导向构件：导轮组。

（5）动力设备：手动葫芦、电缆线、电控系统。

（6）防坠构件：防坠装置。

（7）桁架系统：爬架最下面1.8m架体是水平承力桁架；附着点竖向架体为竖向主框架。

（8）架体部分：除水平承力桁架及竖向主框架以外的架体，采用钢管扣件式脚手架搭设。

（9）其他部分包括：脚手板、密目安全网、大眼网及铁丝等。

2. 施工工艺

（1）安装流程：搭设操作平台→摆放提升滑轮组件→安装第一根导轨、组装第一步竖向框架和水平承力桁架→搭设支架并安装第二、三、四、五根导轨→铺设操作层脚手板、用密目安全网封闭架体→安装斜拉钢丝绳、限位锁、提升挂座及提升钢丝绳→进行第一次提升→扣搭吊篮。

（2）升降流程：附着支撑处混凝土强度达到设计强度后，即可提升。升降准备→升降架体→升降到位安装。

三、注意事项

1. 导轨式爬架提升完毕后，应按照施工组织设计以及导轨式爬架操作规程进行严格检查之后，方能投入使用。

2. 结构施工时，允许2层作业层同时施工，每层最大允许施工荷载$3kN/m^2$。

3. 爬架不得超载使用，不得在爬架上使用集中荷载。

4. 禁止下列违章作业：利用脚手架吊运重物；在脚手架上推车；在脚手架上拉结吊装缆绳；任意拆除脚手架部件和穿墙螺栓；起吊构件时碰撞或扯动脚手架。

5. 禁止利用架体支顶模板，做好分段部位的安全连接与防护。

	附着式升降脚手架说明		图号	4.3.1
BUCG	设计 袁志强	制图 蔡文	审核	陈宪

6. 遇五级以上（包括五级）大风、大雨、大雪、浓雾等恶劣天气时禁止进行爬架升降和拆卸作业。并应事先将爬架架体用脚手架钢管扣件与建筑物结构柱连接，撤离架体上的所有施工活载等。夜间禁止进行爬架的升降作业。

7. 禁止向爬架操作层脚手板上倾倒施工渣土。

8. 爬架使用时禁止任何一方拆除爬架构配件。

9. 由于施工现场湿度大，混凝土污染严重，应在使用过程中对爬架进行维护保养。

				附着式升降脚手架说明	图号	4.3.1
				设计	袁志强	制图		审核	

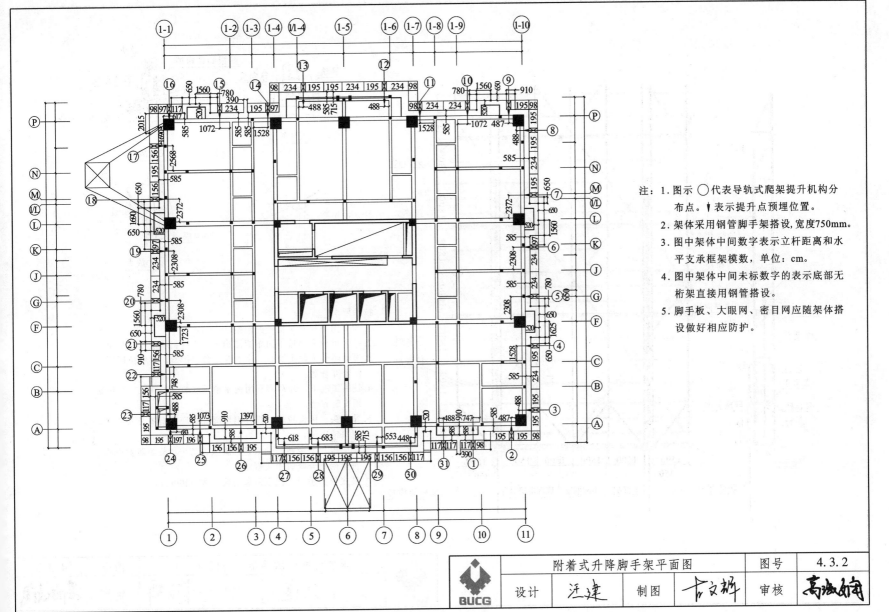

注：1. 图示 ○ 代表导轨式爬架提升机构分布点。↓表示提升点预埋位置。

2. 架体采用钢管脚手架搭设,宽度750mm。

3. 图中架体中间数字表示立杆距离和水平支承框架模数,单位:cm。

4. 图中架体中间未标数字的表示底部无桁架直接用钢管搭设。

5. 脚手板、大眼网、密目网应随架体搭设做好相应防护。

附着式升降脚手架平面图		图号	4.3.2
设计 汪建	制图 古文辉	审核	高城姐妹

119

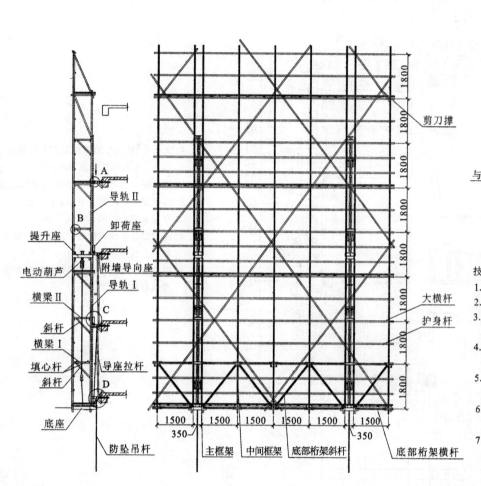

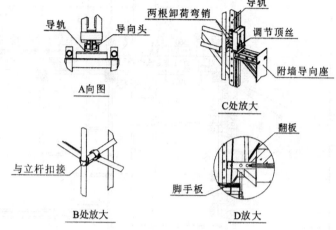

导轨
导向头
两根卸荷弯销
导轨
调节顶丝
附墙导向座

A向图

C处放大

与立杆扣接

B处放大

翻板
脚手板

D放大

剪刀撑

A
导轨Ⅱ
卸荷座
B
提升座
电动葫芦
附墙导向座
横梁Ⅱ
导轨Ⅰ
C
斜杆
横梁Ⅰ
填心杆
导座拉杆
斜杆
D
底座
防坠吊杆

主框架
中间框架
底部桁架斜杆

大横杆
护身杆

底部桁架横杆

1500 1500 1500 1500 1500 1500
350 350

1800 ×12

技术要求：
1.此立面为提升机构处的剖面。
2.提升机构安装按平面布置图确定，提升机构应摆正放平。
3.附墙座必须贴实墙面，穿墙螺栓必须拧紧，导座拉杆调节
松紧度合适。
4.使用工况下，卸荷座利用两根销轴安装于导轨上，弯销必
须安装齐全。
5.导向头、可调拉杆、提升钢丝绳处的连接销轴必须装弹簧
开口销限位。
6.脚手板、安全网、翻板、挡脚板、防护栏杆等防护措施应
符合附着升降脚手架规定。
7.最底层脚手板内挑至距离结构不大于200mm。

附着式升降脚手架立面图（一）		图号	4.3.3
设计 汪建	制图 古文桥	审核	高城如舟

BUCG

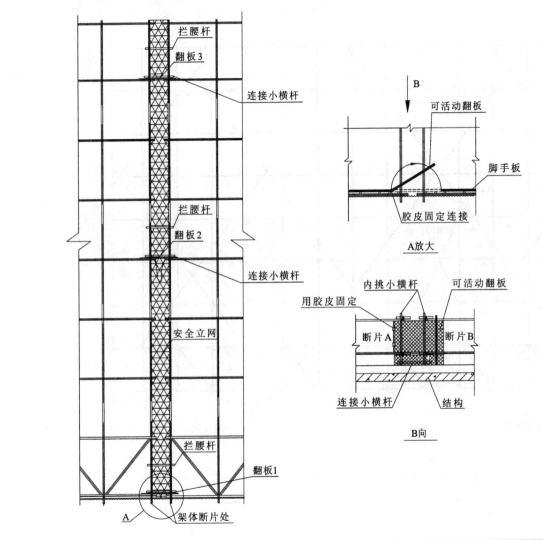

说明：
1. 在架体断片处制作活动翻板，架体在施工状态时翻板保持封闭，翻板共设三层，分别设在脚手板铺设层。
2. 操作层断片处在0.9m高处搭设一道拦腰杆，拦腰杆及小横杆距建筑物一端要小于200mm。
3. 断片处须张挂密目安全立网进行封闭，两片架体之间须用小横杆连接。
4. 架体提升前，须解除安全立网、连接小横杆，翻板翻起并固定，架体提升到位后及时恢复以上部件。

	附着式升降脚手架立面图（二）	图号	4.3.4
BUCG	设计 汪建	制图 古文桥	审核 高海娟

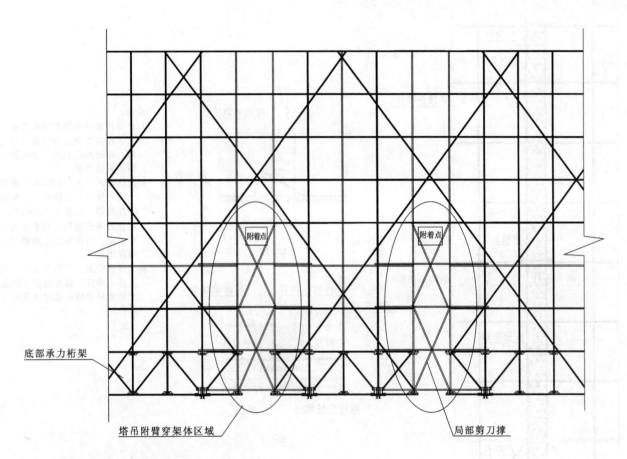

底部承力桁架

附着点

附着点

塔吊附臂穿架体区域

局部剪刀撑

说明：在塔吊附着处，附着点以下架体采用短杆搭设（附着点以上正常搭设），
　　　短杆每端至少与两根立杆扣接，并搭设局部剪刀撑。在架体提升过程中依
　　　次拆除恢复短杆与局部剪刀撑，短横杆的长度和设置步数（架体多高范围
　　　内设置）应根据工程实际情况按照方案要求确定。

	附着式升降脚手架立面图（三）			图号	4.3.5
BUCG	设计	汪建	制图	古文辉	审核 高淑娟

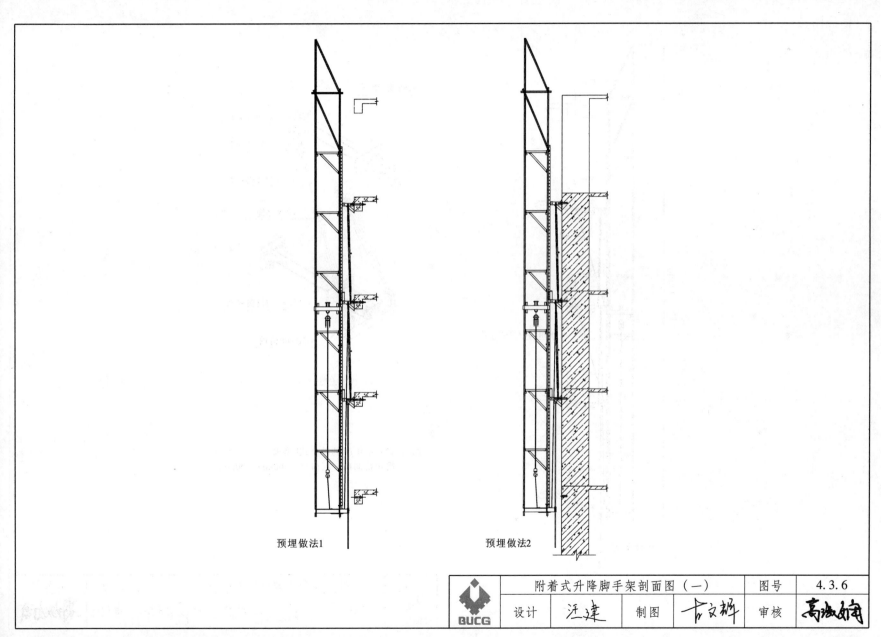

预埋做法1   预埋做法2

| 附着式升降脚手架剖面图（一） | 图号 | 4.3.6 |
| 设计 | 汪建 | 制图 | 古文桥 | 审核 | 高城姑娟 |

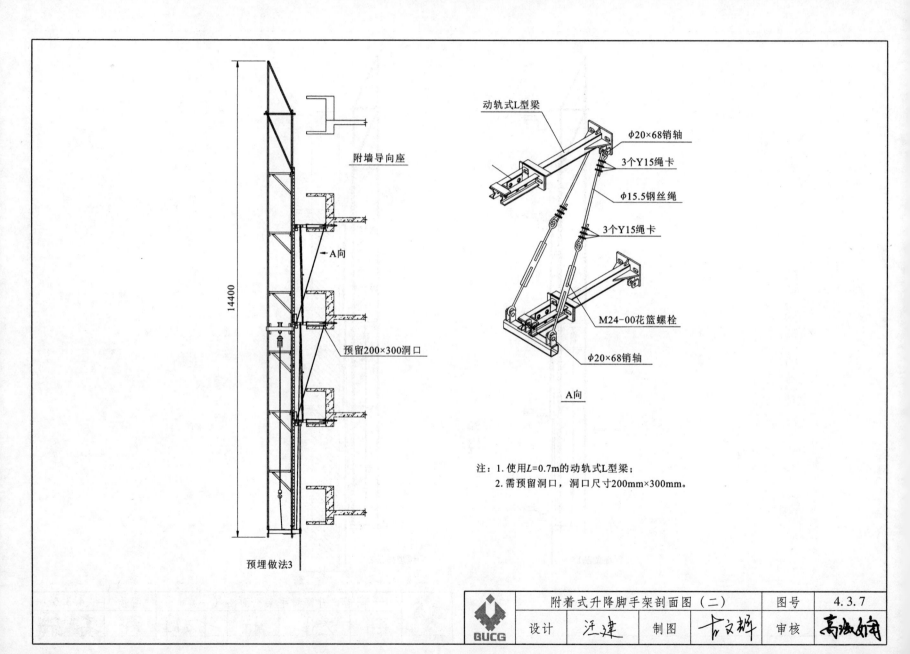

附墙导向座

A向

14400

预留200×300洞口

预埋做法3

动轨式L型梁

φ20×68销轴

3个Y15绳卡

φ15.5钢丝绳

3个Y15绳卡

M24-00花篮螺栓

φ20×68销轴

A向

注：1. 使用L=0.7m的动轨式L型梁；
 2. 需预留洞口，洞口尺寸200mm×300mm。

附着式升降脚手架剖面图（二）					图号	4.3.7
设计	汪建	制图	古文辉	审核	高海娟	

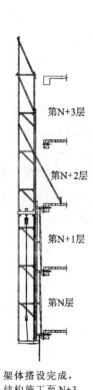

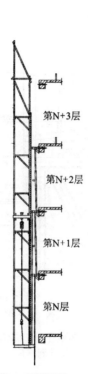

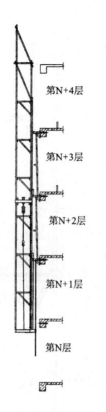

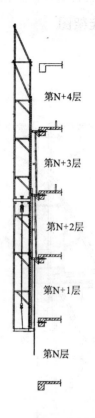

架体搭设完成，结构施工至N+3层，第N+2层混凝土浇筑完成情况。

第N+3层模板拆除后安装第四个附墙座，拆除斜拉钢管，预紧提升钢丝绳，拆除卸荷锁，准备提升架体。

提升一层架体，架体提升到位后及时安装卸荷锁，封闭架体底部翻板，在N+3层对架体进行拉结。

待N+4层模板拆除后，周转第N层附墙座至第N+3层，周转N+1层卸荷拉杆至N+3层，周转N层防坠吊杆至N+1层，松开提升钢丝绳。

提升钢丝绳从N+1层挂设至N+2层，准备下次提升，进入提升循环。

	附着式升降脚手架施工流程图	图号	4.3.8
BUCG	设计　汪建　制图　古文桥	审核	高淑娟

4.4 外挂架图

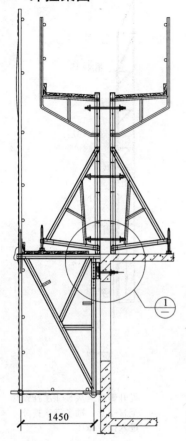

窗口处外挂架

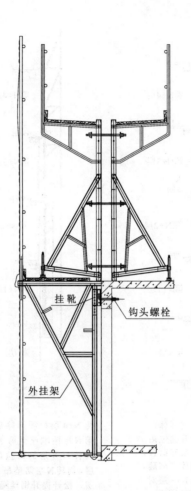

挂靴

钩头螺栓

外挂架

落地窗口处外挂架

1450

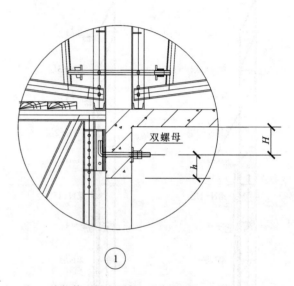

双螺母

①

注：H 为螺栓到板底距离，不小于200mm；
h 为螺栓到洞顶距离，不小于100mm。

	外挂架图	图号	4.4.1
设计	制图		审核

4.5 物料平台

一、适用范围

适用于多（高）层结构施工材料的运输。

二、技术要求

1. 平台所用的材料必须符合相关标准要求：

槽钢：应符合《热轧型钢》GB/T706 的规定。

圆钢：应符合《热轧钢棒尺寸、外形、重量及允许偏差》GB/T702 中关于热轧圆钢的规定。

钢丝绳：应符合《重要用途钢丝绳》GB8918 中关于圆股纤维芯钢丝绳的规定。

绳卡：应与钢丝绳的规格相匹配。

卡环：应与钢丝绳的规格相匹配。

钢管：应符合国家现行标准《直缝电焊钢管》GB/T13793 的规定。

扣件：应符合国家现行标准《钢管脚手架扣件》GB15831 的规定。

平台板：木脚手板应符合国家现行标准《木结构设计规范》GB50005；钢板应符合国家现行标准《碳素结构钢》GB/T700 的规定。

2. 物料平台由主梁、次梁、防护栏杆、平台底板、挡板、安全接网、钢丝绳等组成，平台主梁悬挑长度不宜大于 4.5m，间距不宜大于 3m。

3. 物料平台的主梁采用通长槽钢，次梁采用通长的槽钢，主次梁连接采用双面满焊焊接；防护栏杆应采用 φ48 钢管与主梁焊接，高度 1.5m，防护栏杆内侧立挂多层板。钢丝绳一般应采用 4 根顺绕的钢丝绳。

4. 提升平台的吊环、钢丝绳与平台拉接处的圆环，必须采用圆钢制作，并与主梁双面焊焊接，焊缝高度不小于 10mm，长度不小于 5d。

5. 物料平台通过 4 处悬挂点与结构连接，悬挂点设在混凝土结构的梁、墙或柱上，悬挂点距结构边缘的最小距离为 150mm，每侧的两个悬挂点不应在同一点上；两侧的悬挂点与平台对称，且尽量在平台主梁的垂直线上。钢丝绳与平台主梁的夹角在 45°～60°为宜。

6. 钢丝绳宜直接穿过预留孔兜在结构梁上，采用橡胶保护混凝土梁阳角。

7. 为防止物料平台位移，需在平台搁支点处加设止挡件。

8. 根据计算确定各构件的型号尺寸。

9. 物料平台使用中要严格限制荷载，挂设限重牌。

	物料平台说明	图号	4.5.1
BUCG	设计　　　　　制图　　　　　审核		

127

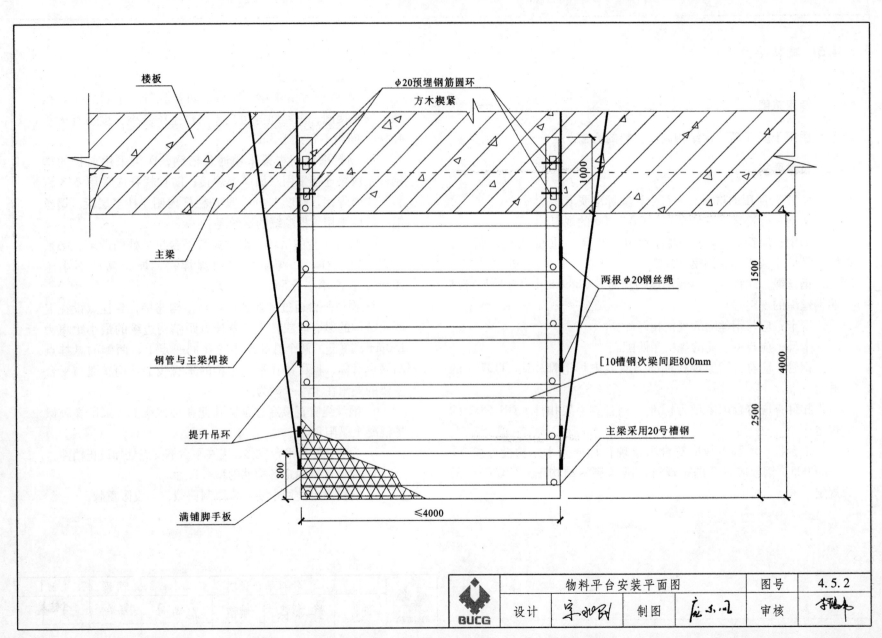

楼板

φ20预埋钢筋圆环

方木楔紧

主梁

两根φ20钢丝绳

钢管与主梁焊接

[10槽钢次梁间距800mm

提升吊环

主梁采用20号槽钢

满铺脚手板

≤4000

1000

1500

4000

2500

800

	物料平台安装平面图	图号	4.5.2
BUCG	设计	制图	审核

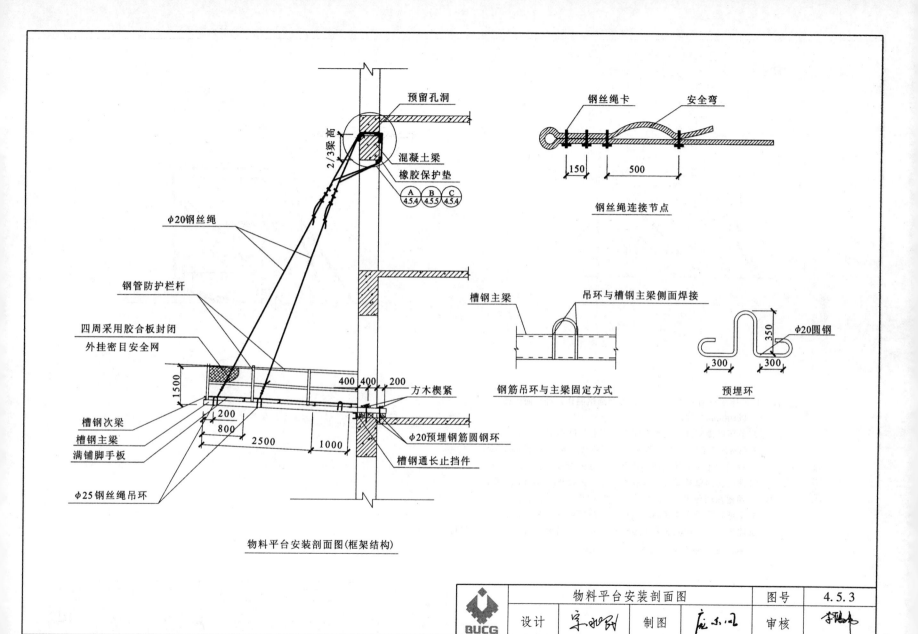

预留孔洞

2/3梁高

混凝土梁
橡胶保护垫

A
4.5.4

B
4.5.5

C
4.5.4

φ20钢丝绳

钢管防护栏杆

四周采用胶合板封闭
外挂密目安全网

1500

400 400 200

方木楔紧

槽钢次梁
槽钢主梁
满铺脚手板

200
800
2500 1000

φ20预埋钢筋圆钢环

槽钢通长止挡件

φ25钢丝绳吊环

物料平台安装剖面图(框架结构)

钢丝绳卡

安全弯

150 500

钢丝绳连接节点

槽钢主梁

吊环与槽钢主梁侧面焊接

钢筋吊环与主梁固定方式

350

φ20圆钢

300 300

预埋环

	物料平台安装剖面图	图号	4.5.3
设计	制图	审核	

BUCG

129

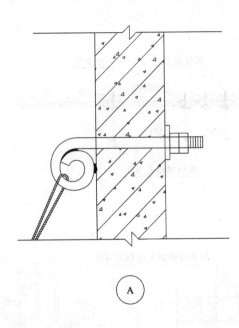

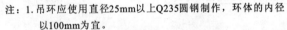

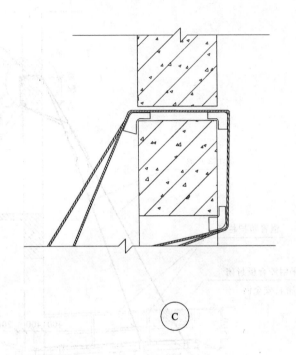

Ⓐ

Ⓒ

注：1. 吊环应使用直径25mm以上Q235圆钢制作，环体的内径
       以100mm为宜。

    2. 吊环焊接部分应采用双面焊，焊缝长度不小于120mm。

    3. 吊环在弯制及焊接过程中应保证原材的各项性能指标，避
       免因加工工艺导致吊环承载力（性能指标）降低。

    4. 预留孔须单独设置，成孔套管采用内径25mm以上PVC管，
       预留在墙体内。

    5. 吊环安装时应使环体垂直向下，吊环内侧贴紧墙面。

    6. 墙内应采用100mm×100mm×10mm铁垫片紧贴墙面，应用双螺母拧
       紧，螺栓伸出螺母长度不得小于3扣。

	物料平台安装节点图（一）	图号	4.5.4
BUCG	设计	制图	审核

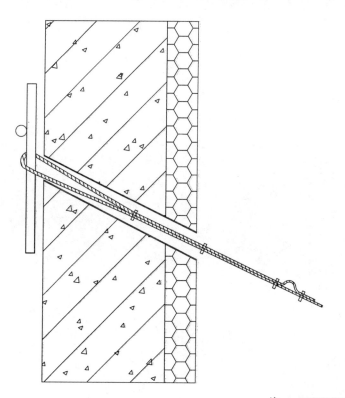

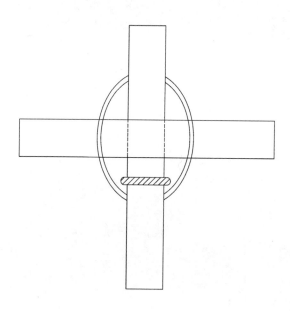

B

注：1. 墙体绑扎钢筋的同时下放直径80mm以上PVC套管，应与墙体钢筋夹角成45°左右，
     用14#铅丝绑扎牢固，确保浇筑混凝土时套管不发生位移。
   2. 套管内应用锯末填实，浇筑完混凝土拆除模板后将套管内的锯末掏空。
   3. 将钢丝绳头用钢丝绳卡进行连接后，穿过PVC套管伸入室内，将长500mm、直径
     48mm的钢管穿入从PVC套管伸进来的钢丝绳头内（如左图所示）。
   4. 将另一根长500mm、直径48mm的钢管与穿过钢丝绳环的钢管垂直焊接，防止穿过
     钢丝绳环的钢管脱落（如右图所示），焊接位置应在竖直钢管的中间偏上位置。
   5. 安装或提升卸料平台时，先用塔吊将卸料平台稍稍吊起，使钢丝绳处于不受力
     状态，再将焊好的"十字"型钢管穿入从PVC套管伸进来的钢丝绳内。

	物料平台安装节点图（二）			图号	4.5.5
BUCG	设计	宇州凤	制图	审核	李阳春

131

第五章

公用建筑斜梁斜柱模架

5.1 公用建筑现浇斜梁

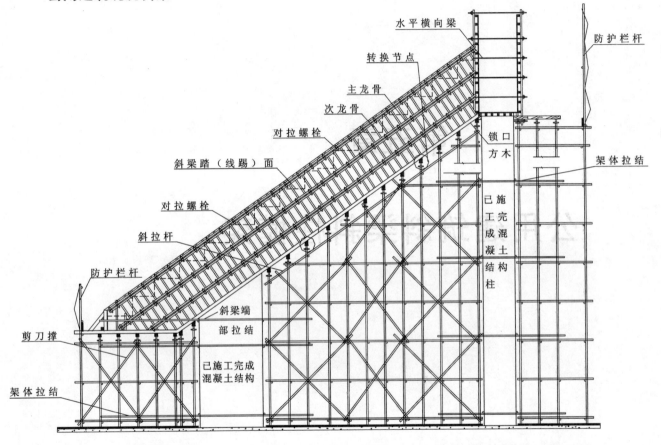

水平横向梁

防护栏杆

转换节点

主龙骨

次龙骨

对拉螺栓

锁口方木

架体拉结

斜梁踏（线踢）面

已施工完成混凝土结构柱

对拉螺栓

斜拉杆

防护栏杆

斜梁端部拉结

已施工完成混凝土结构

剪刀撑

架体拉结

斜梁模架 —— 梁端部分

斜梁模架 —— 梁身部分

注：1. 本图为踏步式斜梁模架图，梁上安装预制看台板。
2. 梁端部分架体与已完结构需设置有效拉结。宜采用刚性拉结与完成的竖向构件水平连接，或采用斜拉方式与水平构件连接。梁端模板应与已浇筑完成构件进行水平拉结，宜采用刚性拉结。
3. 梁身模板螺栓孔设置宜预先排列，在保证受力合理的前提下，应规则布置保证结构的美观。
4. 斜梁底模与托梁之间需设置转换节点。
5. 立杆下端与结构之间应设置垫板，以保护已施工完成的结构。

	看台斜梁模板侧立面图	图号	5.1.1
BUCG	设计	制图	审核

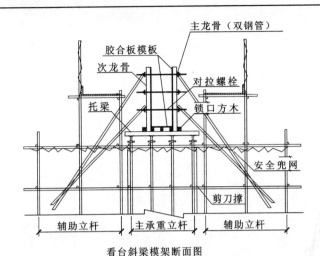

看台斜梁模架断面图

注：1.本图例适合于梁高1000~3000mm，梁宽500~1000mm的看台斜梁。
　　2.梁侧宜采用15~18mm竹木胶合板模板，次背楞选用50mm×100mm方木，主龙骨可采用双钢管或方钢管。主次龙骨、对拉螺栓的直径、间距根据梁高计算确定。
　　3.梁底宜采用15~18mm竹木胶合板模板，次龙骨选用50mm×100mm方木，托梁可选用方木、槽钢等。构件的型号根据梁的截面尺寸、支撑间距以及相邻构件的间距确定。
　　4.支撑体系应控制高宽比，高宽比不宜大于2，当高宽比超过2时可设置辅助支撑增加架体的宽度。

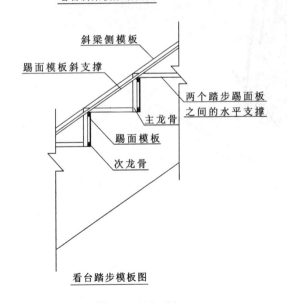

看台踏步模板图

注：1.踏步模板宜采用胶合板模板，方木作为龙骨，利用侧模作为支撑点。
　　2.模板厚度宜选用15mm，主次龙骨宜选用100mm×100mm方木，主龙骨与斜梁侧模之间采用木钉固定。
　　3.斜支撑、水平支撑可根据情况选择方木或者钢管，选用钢管时应注意采取有效措施与模板体系固定。

看台斜梁剖面图及踏步做法图		图号	5.1.2	
设计		制图	审核	

5.2 公用建筑现浇斜柱

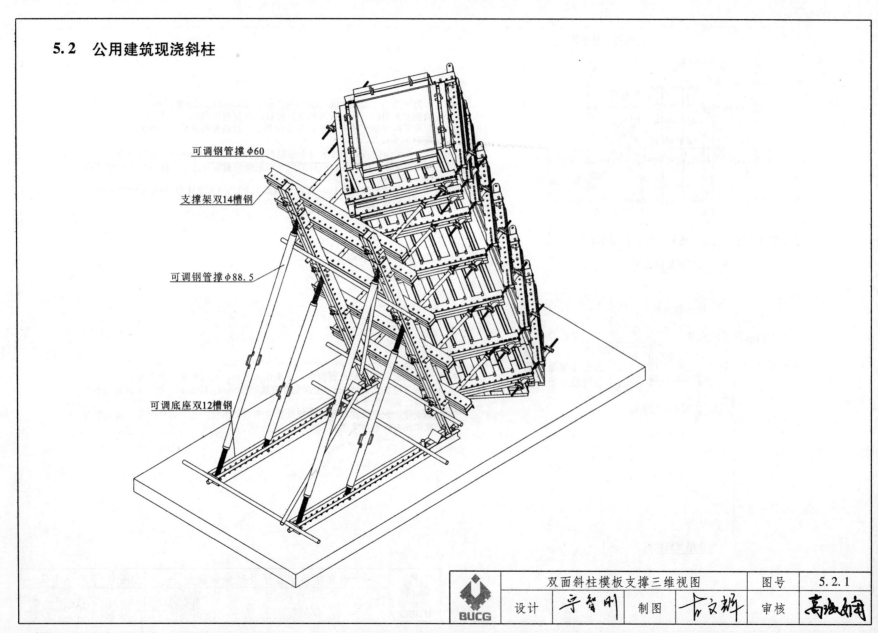

可调钢管撑φ60

支撑架双14槽钢

可调钢管撑φ88.5

可调底座双12槽钢

	双面斜柱模板支撑三维视图	图号	5.2.1
BUCG	设计　宁智刚　制图　古文辉　审核　高城好闯		

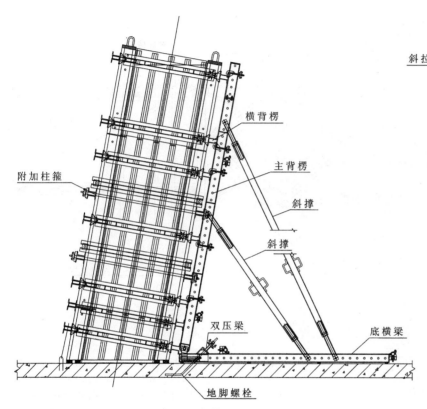

横背楞

主背楞

斜撑

斜撑

附加柱箍

双压梁

底横梁

地脚螺栓

单面斜柱模板及支撑体系侧视图

柱箍（双槽钢）

斜拉杆

斜撑

模板

背楞

单面斜柱模板及支撑体系俯视图

说明：1.斜柱模板体系中，面板宜采用优质胶合板模板，背楞宜采用
      工程木、工字梁等定型材料，柱箍宜采用双槽钢。
     2.柱模板体系可采用钢木组合模板，即面板宜采用优质胶合板
      模板，背楞采用槽钢，详见斜柱组合钢框模板体系图。
     3.斜柱的支撑杆件需根据斜柱倾斜角度、高度、截面尺寸进行
      计算确定，支撑杆应保证同时受力，不应出现单杆应力过大
      的现象。

	单面斜柱模板及支撑体系图	图号	5.2.2
BUCG	设计	制图	审核

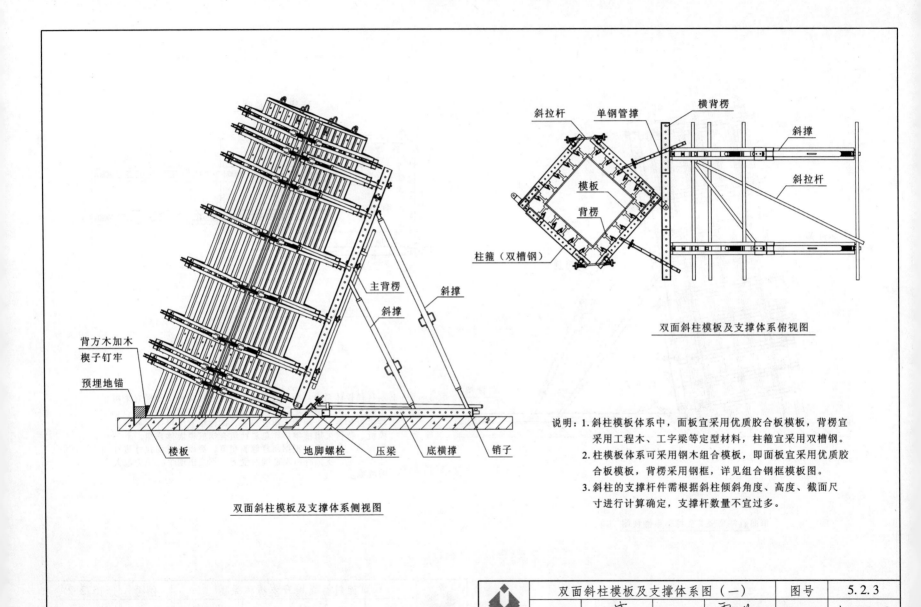

斜拉杆　　单钢管撑　　横背楞

斜撑

斜拉杆

模板

背楞

柱箍（双槽钢）

双面斜柱模板及支撑体系俯视图

主背楞

斜撑

斜撑

背方木加木
楔子钉牢

预埋地锚

楼板　　　　　　　地脚螺栓　　压梁　　底横撑　　销子

双面斜柱模板及支撑体系侧视图

说明：1.斜柱模板体系中，面板宜采用优质胶合板模板，背楞宜
　　　　采用工程木、工字梁等定型材料，柱箍宜采用双槽钢。
　　　2.柱模板体系可采用钢木组合模板，即面板宜采用优质胶
　　　　合板模板，背楞采用钢框，详见组合钢框模板图。
　　　3.斜柱的支撑杆件需根据斜柱倾斜角度、高度、截面尺
　　　　寸进行计算确定，支撑杆数量不宜过多。

双面斜柱模板及支撑体系图（一）　　图号　5.2.3

BUCG　　设计　　　制图　　　审核

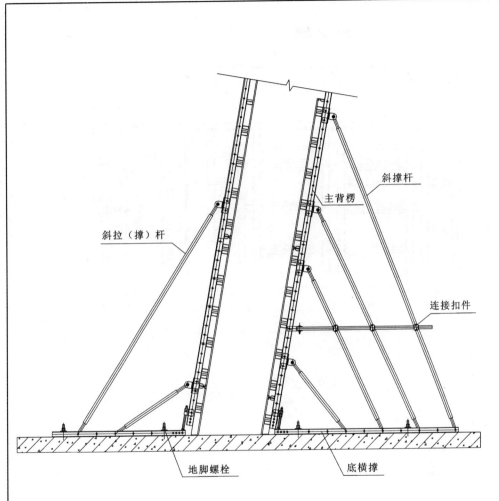

斜撑杆

主背楞

斜拉（撑）杆

连接扣件

地脚螺栓

底横撑

单面斜柱模板及支撑体系侧视图

斜拉杆

斜拉（撑）杆

模板

斜撑杆

组合钢框

单面斜柱模板及支撑体系俯视图

说明：1.柱模板体系采用钢木组合模板，即面板宜采用优质胶
　　　　合板模板，背楞采用钢框，详见组合钢框模板图。
　　　2.斜柱的模板体系由标准板和非标板组成，标准板可周
　　　　转使用，非标板根据斜柱的倾斜角度和旋转角度确定。
　　　3.斜柱的支撑杆件需根据斜柱倾斜角度、高度、截面尺
　　　　寸进行计算确定，应使支撑杆同时受力，不应出现单
　　　　杆应力过大的现象。

双面斜柱模板及支撑体系图（二）		图号	5.2.4
设计	制图	审核	

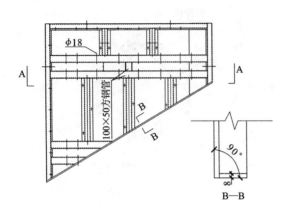

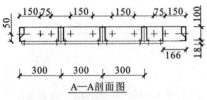

A—A剖面图

非标准板块模板图

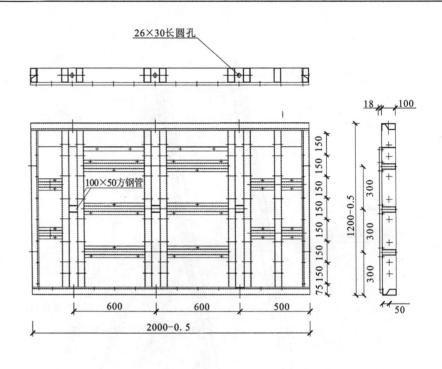

标准板块模板图

说明：1. 本图为斜柱模板体系标准板和非标准板详图，可用于截面为长方形的
　　　　 直柱、斜柱等。
　　　2. 模板面板采用优质胶合板模板，背楞采用由方钢管加工而成的组合钢
　　　　 框。
　　　3. 根据柱子的形式不同，制作不同的非标板块，与标准板组合成柱模板
　　　　 体系，标准板可周转使用。

斜柱组合钢框模板体系图		图号	5.2.5
设计	制图	审核	

第二部分

市政公路工程

第六章

桥梁工程模架

6.1 承台模板

一、适用范围

适用于旱地桥梁承台模架施工。

二、技术要求

1. 模板可采用竹胶合板模板和组合钢模板，模板的强度、刚度及稳定性应满足规范要求。

2. 竹胶合板模板采用 12～15mm 厚，主肋采用5cm×10cm方木，背楞采用 10cm×10cm 方木或槽钢。

3. 组合钢模板主肋采用 ϕ48 钢管，背楞采用槽钢或方钢管。

4. 承台基坑侧壁支撑力较好时，可采用钢管和可调托撑进行支撑加固。

5. 承台基坑侧壁支撑力较差时，可采用对拉螺栓对模板进行加固处理。

三、注意事项

1. 为防止模板上浮，可埋设地锚，通过钢丝绳拉嵌进行固定。

2. 主肋、背楞和对拉螺栓间距要根据实际工况计算确定。

	承台模架说明		图号	6.1.1
BUCG	设计 郝家琪	制图 陈泽山	审核 李峰	

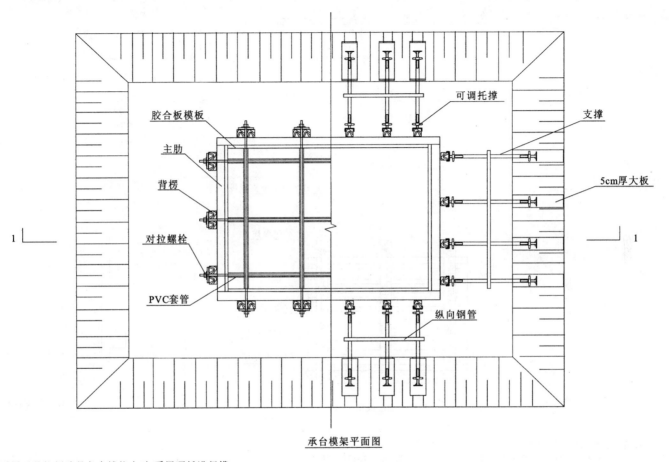

胶合板模板

可调托撑

支撑

主肋

背楞

5cm厚大板

对拉螺栓

PVC套管

纵向钢管

1

1

承台模架平面图

注:1.右半图适用于基坑侧壁具备支撑能力时,采用顶托进行模
　　 板支撑加固。
　　2.左半图适用于基坑侧壁支撑能力较弱时,采用对拉螺栓进行加固。

	承台模架平面图	图号	6.1.2
BUCG	设计　郝家琪	制图　陈泽山	审核　李W志

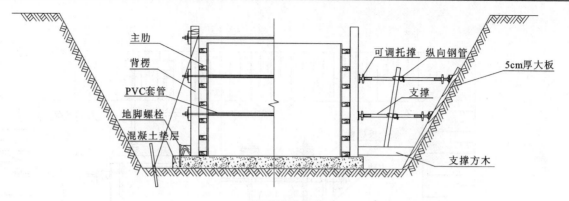

主肋
背楞
PVC套管
地脚螺栓
混凝土垫层
可调托撑　纵向钢管
5cm厚大板
支撑
支撑方木

1—1剖面模架支撑图

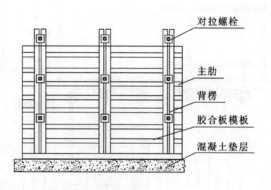

对拉螺栓
主肋
背楞
胶合板模板
混凝土垫层

模板立面配板图

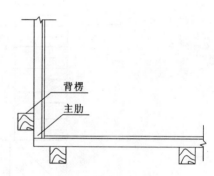

背楞
主肋

阳角模板细部构造图

注:1.适用于旱地桥梁矩形承台。
　　(1)右半图适用于基坑侧壁具备支撑能力时,采用可调顶托进行模板加固。
　　(2)左半图基坑侧壁支撑能力较弱时,采用对拉螺栓进行加强。
　　2.模板背楞可采用方木或槽钢,主肋采用方木,侧壁支撑可采用钢管结
　　　构或方木结构。
　　3.主肋、背楞间距、对拉螺栓间距根据实际工况计算确定。

	承台木模板图			图号	6.1.3
设计	郝家祺	制图	陈泽山	审核	李W吉

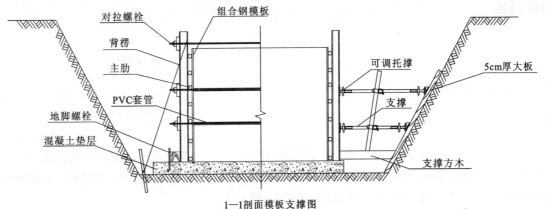

对拉螺栓　　　　组合钢模板

背楞

主肋　　　　　　　　　　　　　可调托撑　　　　5cm厚大板

PVC套管　　　　　　　　　　　　支撑

地脚螺栓

混凝土垫层　　　　　　　　　　　　　　　　　支撑方木

1—1剖面模板支撑图

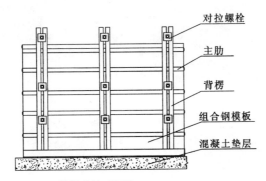

对拉螺栓

主肋

背楞

组合钢模板

混凝土垫层

模板配板正面图

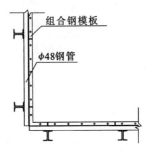

组合钢模板

φ48钢管

阳角模板细部构造图

注：1.适用于旱地桥梁矩形承台。
　（1）右图适用于基坑侧壁具备支撑能力时,采用可调顶托进行模板加固。
　（2）左图适用于基坑侧壁支撑能力较弱时,采用对拉螺栓进行加强。
　2.模板背楞采用槽钢,主肋采用圆钢管,侧壁支撑可采用钢管结构
　　或方木结构。
　3.背楞、主肋、对拉螺栓间距根据实际工况计算确定。

	承台钢模板图		图号	6.1.4
设计	郝家琪	制图 陈泽山	审核	李xx

147

6.2 U 型桥台模板

一、适用范围

适用于桥梁 U 型桥台模架施工。

二、技术要求

桥台模板采用 12～15mm 厚竹胶合板模板。主肋采用 5cm × 10cm 方木，背楞采用 10cm×10cm 方木或槽钢。由对拉螺栓进行对拉加固。模板及其支架应进行受力计算，其强度、刚度及稳定性应满足规范要求。

三、注意事项

1. 当桥台高度较低时（$H \leq 4m$），可采用钢管对模板进行稳定性加固。

2. 当桥台高度较高时（$H \geq 4m$），采用风绳调整模板的垂直度，并保证模板的稳定性。

3. 主肋、背楞和对拉螺栓间距根据实际工况计算确定。

	桥台模架说明			图号	6.2.1
BUCG	设计	陈瑞锋	制图	陈泽山	审核	李岭青

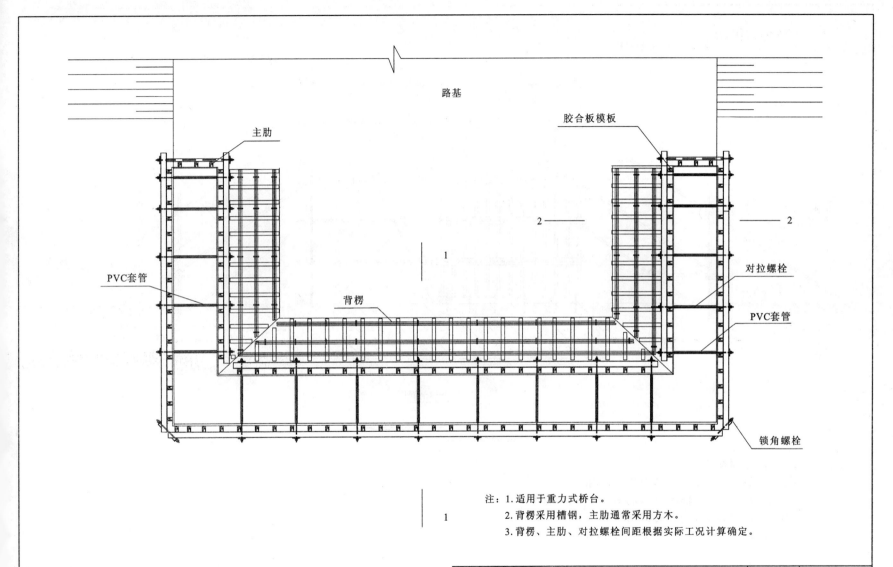

路基

胶合板模板

主肋

PVC套管

背楞

2 —————— 2

1

对拉螺栓

PVC套管

锁角螺栓

1

注：1.适用于重力式桥台。
2.背楞采用槽钢，主肋通常采用方木。
3.背楞、主肋、对拉螺栓间距根据实际工况计算确定。

U型重力式桥台模板平面图			图号	6.2.2
设计	陈稿锋	制图	陈泽山	审核	李山志

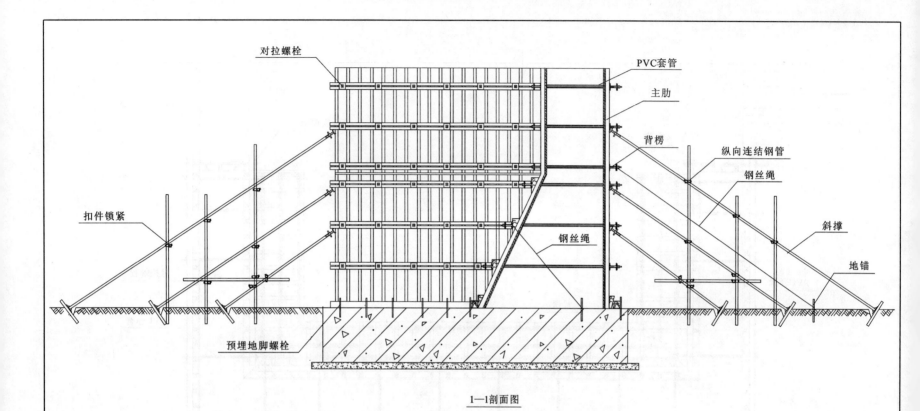

对拉螺栓
PVC套管
主肋
背楞
纵向连结钢管
钢丝绳
斜撑
地锚
扣件锁紧
钢丝绳
预埋地脚螺栓

1—1剖面图

注：1.适用于重力式桥台。
　　（1）当桥台高度小于4m时，可采用钢管支撑体系。
　　（2）当桥台高度大于等于4m时，可采用风绳保证模板稳定性。
　　2.背楞可采用方木或槽钢，主肋通常采用方木。
　　3.背楞、主肋间距、对拉螺栓间距根据实际工况计算确定。

U 型重力式桥台侧墙模板图		图号	6.2.3
设计	陈镐锋	制图 陈泽山	审核 李w峰

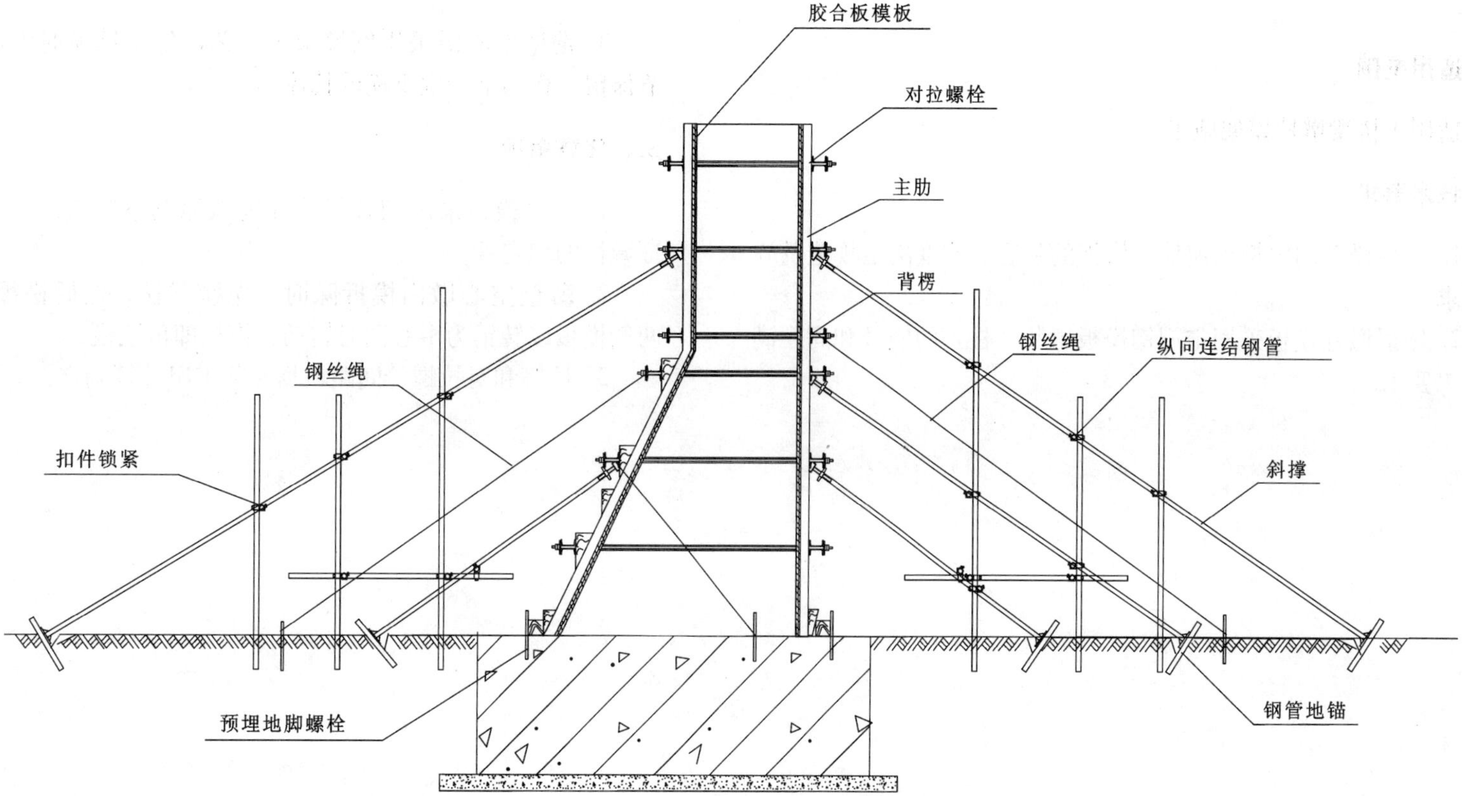

胶合板模板

对拉螺栓

主肋

背楞

钢丝绳

纵向连结钢管

钢丝绳

斜撑

扣件锁紧

预埋地脚螺栓

钢管地锚

2—2剖面

U型重力式桥台台背模板图		图号	6.2.4
设计 陈稿锋	制图 陈泽山	审核	李山峰

6.3 墩柱模板

一、适用范围

适用于桥梁墩柱模架施工。

二、技术要求

1. 圆柱模采用定型钢模板，模板的强度、刚度满足规范及施工要求。

2. 矩形墩柱模板采用定型钢模板组装，柱箍的型号和间距满足施工要求。

3. 薄壁空心墩采用倒模施工工艺，每次拆模时上面一节保留，作为下一次支模的托撑。

三、注意事项

1. 墩柱模板采用钢管斜撑和缆风绳调整竖直度，并保证墩柱的稳定性。

2. 薄壁空心墩内模拆除时，先撤背楞，然后松撑管，两侧模板以转销为中心同时转动，模板即可脱模。

3. 柱箍和对拉螺栓间距根据实际工况计算确定。

	墩柱模架说明		图号	6.3.1
BUCG	设计 陈泽山	制图 张伟	审核 李峰	

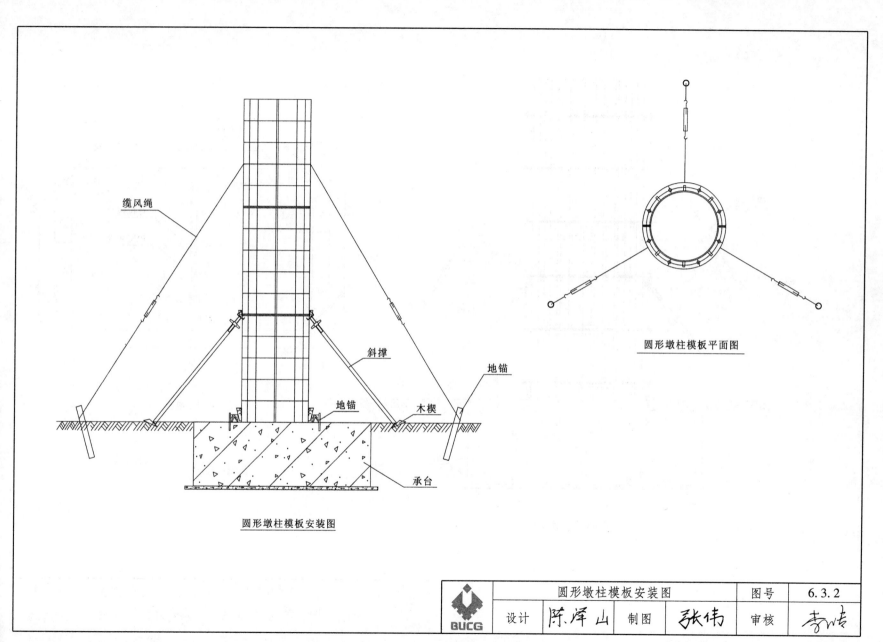

缆风绳

斜撑

地锚

地锚

木楔

承台

圆形墩柱模板安装图

圆形墩柱模板平面图

| 圆形墩柱模板安装图 | | | | 图号 | 6.3.2 |
| BUCG | 设计 | 陈泽山 | 制图 | 张伟 | 审核 | 李峙 |

153

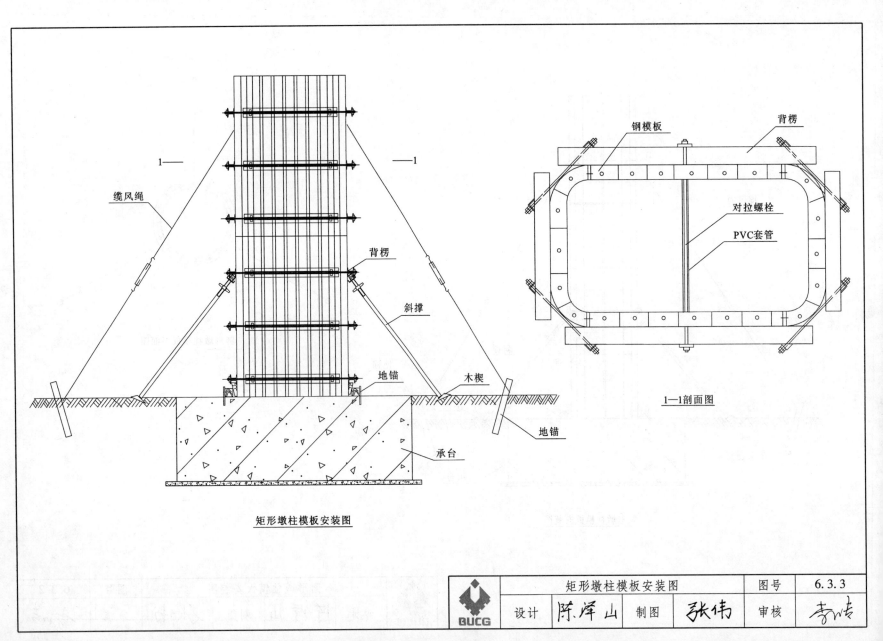

缆风绳

1—

背楞

斜撑

地锚

木楔

承台

矩形墩柱模板安装图

钢模板

背楞

对拉螺栓

PVC套管

1—1剖面图

	矩形墩柱模板安装图		图号	6.3.3
BUCG	设计	陈泽山	制图 张伟	审核 李峰

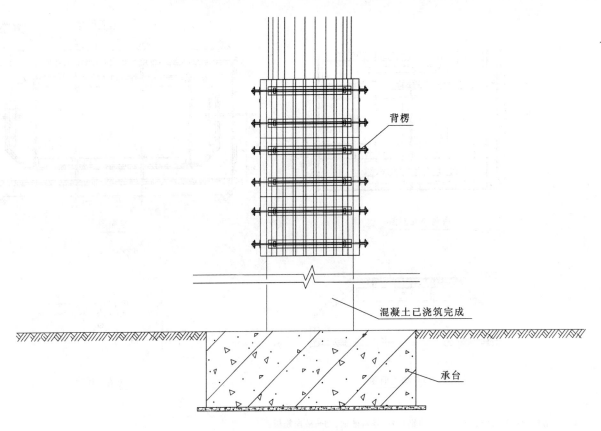

背楞

混凝土已浇筑完成

承台

薄壁空心墩柱模板安装图

注：1. 本图柱模板为倒模施工工艺。
　　2. 本图中为三段模板，每次拆模时上面一段模板保留，
　　　作为下一次支模的托撑。
　　3. 可在保留的模板上焊接平台，作为施工平台。

薄壁空心墩柱模板安装图		图号	6.3.4
设计 杨晓春	制图 陈泽山	审核	李峰

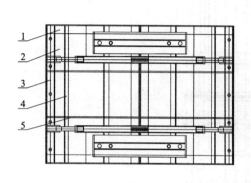

内角模立面图

对拉螺栓　背楞

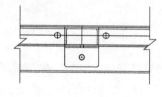

平面图

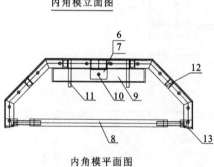

内角模平面图

转销大样图

1—连结角钢；2—模板；3—连结角钢；4—竖向槽钢；5—横向筋板；
6—耳板1；7—耳板2；8—撑管；9—背楞；10—转销；11—圆钢；
12—封槽板；13—横向连接板

注：内模拆除时，先拆侧模，再拆角模。首先将侧模背楞拆下，
　　脱离侧模板；然后将角模背楞拆下，再松撑管，两侧模板以转
　　销为中心同时转动，角模板即可脱模。

	薄壁空心墩柱模板图		图号	6.3.5
设计	杨晓春	制图	陈泽山	审核	李峙

6.4 盖梁模板

6.4.1 满堂支架法盖梁模板

一、适用范围

适用于旱地盖梁模架施工。

二、技术要求

1. 根据工程条件和实际情况，对盖梁模板进行选用，可采用胶合板模板、定型钢模板和组合钢模板。模板及其支架应进行受力计算，其强度、刚度及稳定性应满足规范要求。

2. 模板侧模采用 12～15mm 厚胶合板模板，主肋采用 5cm×10cm 方木，背楞采用 10cm×10cm 方木或槽钢，通过对拉螺栓进行加固。

3. 模板采用组合钢模板时，主肋采用 ϕ48 钢管，背楞采用槽钢或方钢管，通过对拉螺栓进行模板加固。

4. 底模一般采用 12～15mm 厚胶合板模板，次龙骨采用 5cm×10cm 方木，主龙骨采用 12cm×15cm 方木或槽钢。

5. 排架采用碗扣式钢管脚手架，在盖梁下部支架间距为 60～90cm，两侧操作平台立杆间距为 90～120cm。

间距根据实际工况计算确定。

三、注意事项

1. 盖梁排架基础应进行硬化处理，地基承载力应满足施工荷载要求。

2. 排架底托下面应铺设大板，防止底托局部受力，并保证荷载的扩散。

3. 排架基础周边做好排水设施，确保基础的排水要求。

4. 排架应设置横、纵向剪刀撑，剪刀撑间距应符合规范要求。

	满堂支架法盖梁模架说明		图号	6.4.1.1
BUCG	设计 郝家琪	制图 陈泽山	审核	李峰

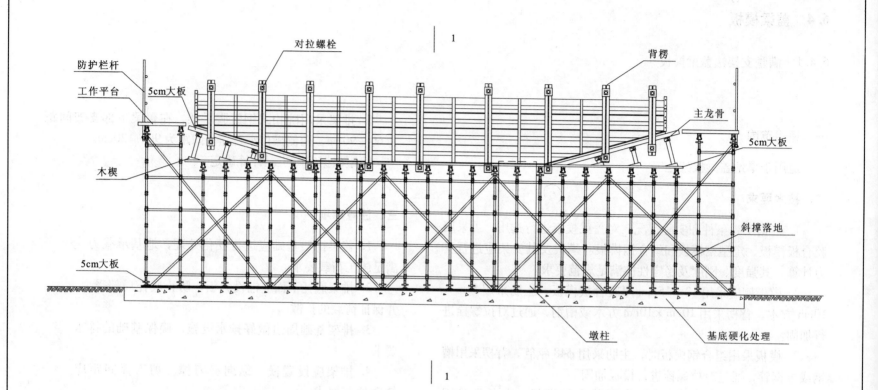

对拉螺栓

防护栏杆

工作平台

5cm大板

背楞

主龙骨

5cm大板

木楔

斜撑落地

5cm大板

墩柱

基底硬化处理

盖梁模架立面图(一)

注：1.适用于地基承载力较高时盖梁施工。

　　2.搭设排架前需对排架范围内的地基进行硬化或换填处理。

　　3.排架横纵向立杆间距、对拉螺栓间距，根据实际工况计算确定。

	盖梁模架图（侧模钢模）	图号	6.4.1.2
BUCG	设计 郭志仁	制图 陈泽山	审核 李峰

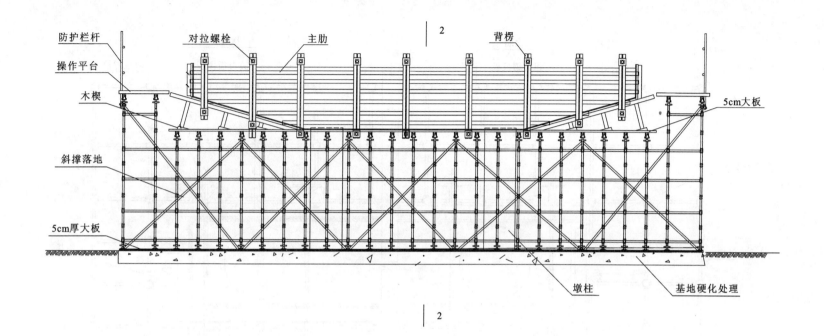

防护栏杆　对拉螺栓　主肋　　2　　背楞

操作平台

木楔　　　　　　　　　　　　　　　　　　　　　　5cm大板

斜撑落地

5cm厚大板

　　　　　　　　　　　　　　　　　　墩柱　　　基地硬化处理

2

盖梁模架立面图(二)

注：1.适用于地基承载力较高时盖梁施工。
　　2.搭设排架前需对排架范围内的地基进行硬化或换填处理。
　　3.排架横纵向立杆间距、对拉螺栓间距，根据实际工况计算确定。
　　4.主龙骨可采用15cm×10cm方木。

盖梁模架图（侧模木模）				图号	6.4.1.3
设计	郭志仁	制图	陈泽山	审核	李峪

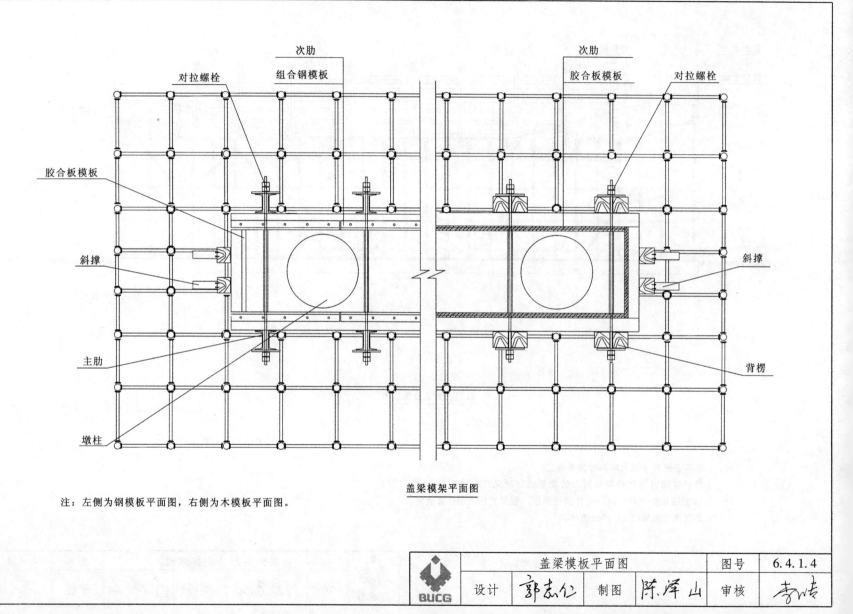

盖梁模架平面图

注：左侧为钢模板平面图，右侧为木模板平面图。

	盖梁模板平面图			图号	6.4.1.4
BUCG	设计	郭志仁	制图 陈泽山	审核	李峰

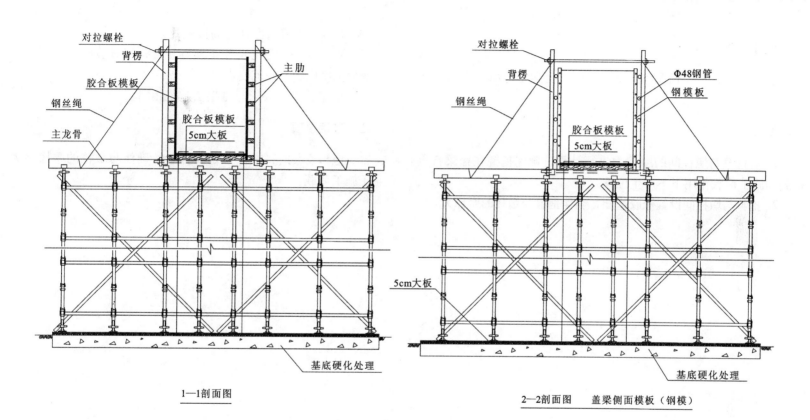

对拉螺栓
背楞
胶合板模板
主肋
钢丝绳
主龙骨
胶合板模板
5cm大板

1—1剖面图

对拉螺栓
背楞
Φ48钢管
钢模板
钢丝绳
胶合板模板
5cm大板
5cm大板

基底硬化处理

基底硬化处理

2—2剖面图　盖梁侧面模板（钢模）

注：主龙骨间距根据实际工况计算确定。

	盖梁模板剖面图	图号	6.4.1.5
BUCG	设计　郭志仁	制图　陈泽山	审核　李峭

6.4.2 抱箍法盖梁模板

一、适用范围

适用于盖梁下方不适宜搭设排架或者盖梁距地面较高的模架施工。

二、技术要求

1. 对抱箍与墩柱间的摩擦力进行计算，确保抱箍在盖梁自重荷载和施工荷载作用下不产生位移。

2. 抱箍与墩柱间设置橡胶垫圈，确保抱箍与墩柱的摩擦力，并保证抱箍与墩柱均匀接触受力。

3. 工字钢的型号应根据实际工况进行计算确定，工字钢变形挠度应满足规范要求。

4. 盖梁模板要求与排架法施工相同。

三、注意事项

抱箍安装时，螺栓一定要拧紧，确保与墩柱的摩擦力大于施工荷载。

	抱箍法盖梁模架说明			图号	6.4.2.1
BUCG	设计	陈泽山	制图	张伟	审核	李岐

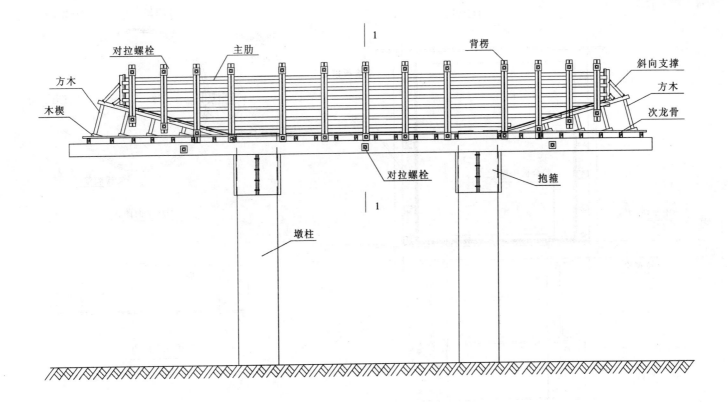

对拉螺栓　主肋　背楞　斜向支撑

方木　方木

木楔　次龙骨

对拉螺栓　抱箍

墩柱

注：1.适用于盖梁下方不宜搭设排架或盖梁距离地面净空较高的模架施工。

2.抱箍与墩柱的摩擦力，工字钢型号、对拉螺栓间距及底模主龙骨间距，
需根据实际工况计算确定。

	抱箍法盖梁模架图		图号	6.4.2.2
BUCG	设计	陈泽山	制图	张伟	审核	李峰

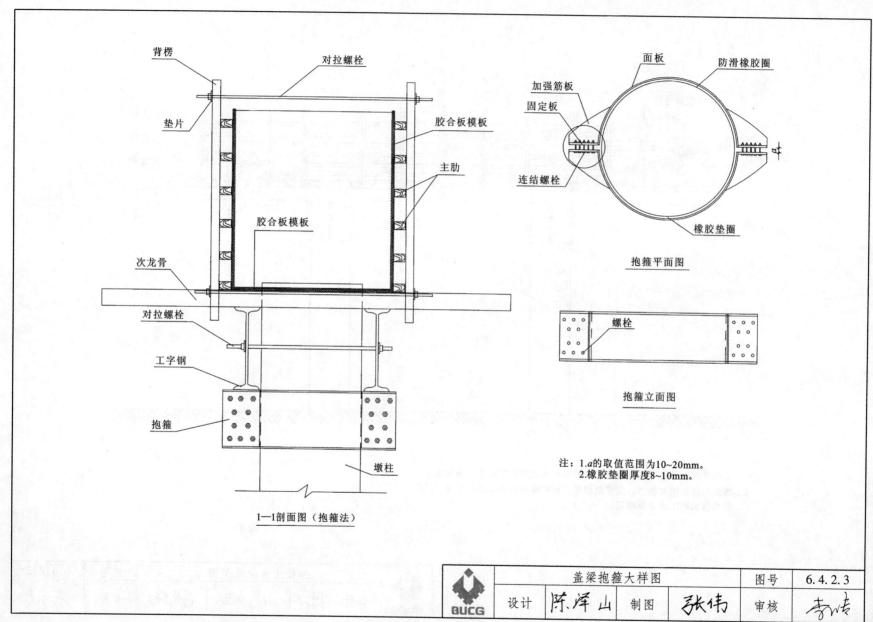

背楞

对拉螺栓

垫片

胶合板模板

主肋

胶合板模板

次龙骨

对拉螺栓

工字钢

抱箍

墩柱

1—1剖面图（抱箍法）

面板

防滑橡胶圈

加强筋板

固定板

连结螺栓

橡胶垫圈

抱箍平面图

螺栓

抱箍立面图

注：1.a的取值范围为10~20mm。
2.橡胶垫圈厚度8~10mm。

	盖梁抱箍大样图	图号	6.4.2.3
BUCG	设计 陈泽山 制图 张伟	审核	李峰

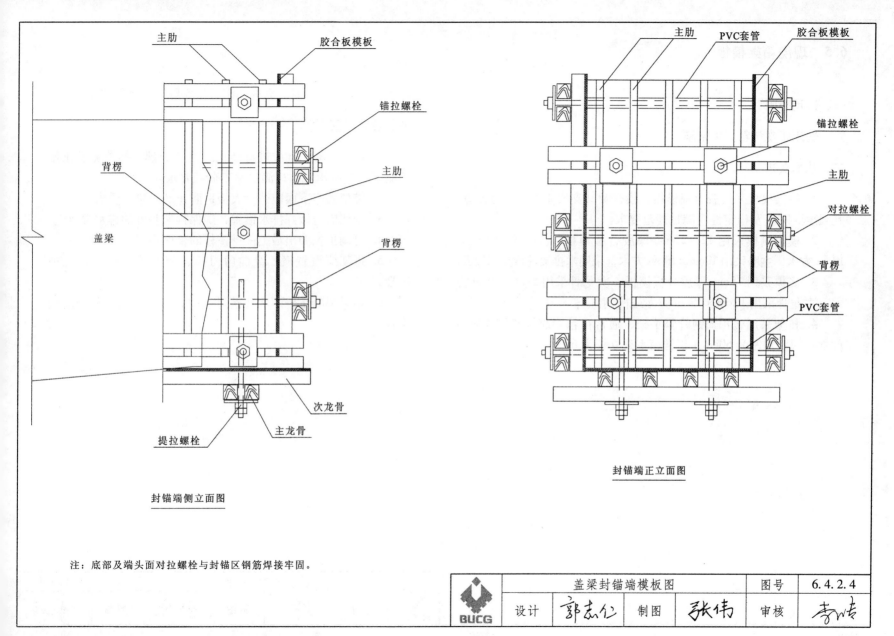

主肋　　胶合板模板

锚拉螺栓

主肋

背楞

盖梁

背楞

次龙骨

提拉螺栓　　主龙骨

封锚端侧立面图

主肋　　PVC套管　　胶合板模板

锚拉螺栓

主肋

对拉螺栓

背楞

PVC套管

封锚端正立面图

注：底部及端头面对拉螺栓与封锚区钢筋焊接牢固。

	盖梁封锚端模板图	图号	6.4.2.4
设计 郭志仁	制图 张伟	审核 李峰	

BUCG

165

6.5 现浇箱梁模板

一、适用范围

适用于现浇箱梁模架施工。

二、技术要求

1. 箱梁模板采用胶合板模板，模板及其支架应进行受力计算，其强度、刚度及稳定性应满足规范要求。

2. 模板侧模采用 12～15mm 厚胶合板模板，次肋采用 5cm×10cm 方木，主肋采用 10cm×10cm 方木，采用木排架进行支撑加固。

3. 底模采用 15mm 厚胶合板模板，次龙骨采用 5cm×10cm 方木，主龙骨采用 12cm×15cm 方木或槽钢。

4. 排架采用碗扣式钢管脚手架，通常在箱梁腹板和横隔梁部位立杆间距加密为 60cm，正常箱室处立杆为 60～90cm，水平杆间距为 120cm。施工时，立杆间距根据实际工况计算确定。

三、注意事项

1. 箱梁排架基础应进行硬化或换填处理，换填宽度比排架略宽，地基承载力应满足施工荷载要求。

2. 排架底座下面应铺设大板，防止底座集中受力。

3. 排架周边做好排水措施，确保排架基础的排水要求。

4. 可调顶托伸出最上一排横杆的长度不得超过 50cm。

5. 排架应设置横、纵向剪刀撑，剪刀撑间距应符合规范要求。

6. 箱梁混凝土分两次浇筑进行时，应采取措施防止芯模上浮。

	现浇箱梁模架说明			图号	6.5.1
BUCG	设计	何娜讯	制图	张伟	审核	李峙

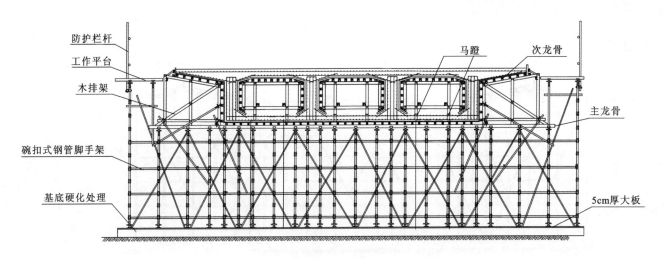

防护栏杆
工作平台
木排架
碗扣式钢管脚手架
基底硬化处理
马蹬
次龙骨
主龙骨
5cm厚大板

箱梁模架横断面图（整体混凝土浇筑）

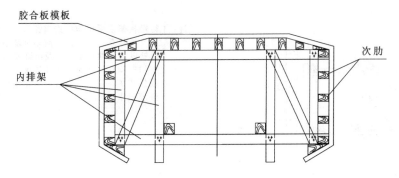

胶合板模板
内排架
次肋

箱梁内模横断面图

注：1.箱梁模架多采用碗扣式钢管脚手架作为支撑体系。
    支架搭设前须对基础进行处理，以满足地基承载
    力及沉降要求。
  2.模板主龙骨多采用15cm×10cm方木，次龙骨多采用
    10cm×10cm方木。龙骨布置应满足刚度、强度要求。

箱梁模架横断面图（整体浇筑法）		图号	6.5.2
设计	何辉试	制图	张伟	审核	李峰

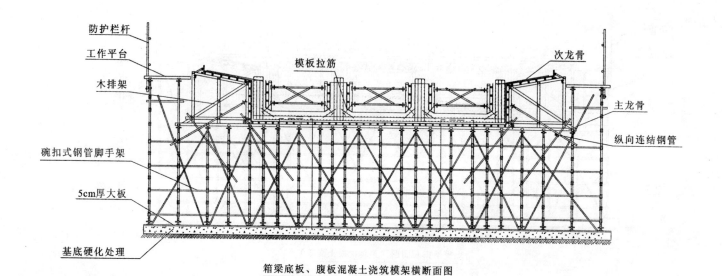

防护栏杆

工作平台

模板拉筋

次龙骨

木排架

主龙骨

碗扣式钢管脚手架

纵向连结钢管

5cm厚大板

基底硬化处理

箱梁底板、腹板混凝土浇筑模架横断面图

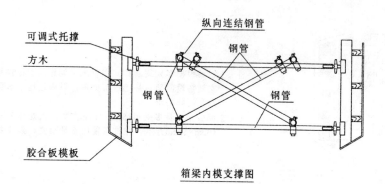

可调式托撑

纵向连结钢管

方木

钢管

钢管

钢管

胶合板模板

箱梁内模支撑图

注：1.箱梁模架多采用碗扣式钢管脚手架作
     为支撑体系。支架搭设前须对基础进
     行处以满足地基承载力及沉降要求。
   2.碗扣支架立杆间距应经计算确定。
   3.模板和主、次龙骨布置应满足刚度、
     强度要求。

箱梁模架横断面图（分两次浇筑法）		图号	6.5.3
设计	何辉斌	制图	张伟	审核	李山岭

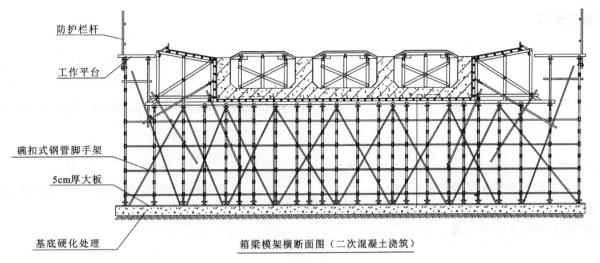

防护栏杆

工作平台

碗扣式钢管脚手架

5cm厚大板

基底硬化处理

箱梁模架横断面图（二次混凝土浇筑）

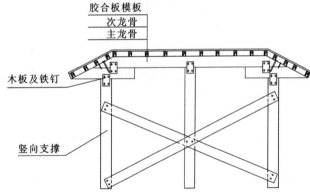

胶合板模板
次龙骨
主龙骨

木板及铁钉

竖向支撑

箱梁顶板木结构模板图

注：1.钢模板尺寸、规格不满足箱梁边角
　　　处尺寸时，可用木模板找齐。
　　2.芯模的支撑系统可采用方木或钢管。

箱梁顶板模板图（分两次浇筑法）		图号	6.5.4
设计	何辉斌	制图	张伟	审核	李X志

6.6 T形梁后浇带模板

一、适用范围

适用于T形梁横隔板、湿接缝模板施工。

二、技术要求

1. 模板采用胶合板模板，模板及主次龙骨、主次肋受力应进行计算，其强度、刚度及稳定性应满足规范要求。

2. 侧模板一般采用 12～15mm 厚胶合板，次肋可采用 5cm×10cm 方木，主肋可采用 10cm×10cm 方木。

3. 底模板一般采用 12～15mm 厚胶合板，次龙骨可采用 5cm×10cm 方木，主龙骨可采用 10cm×10cm 方木。

4. 横隔梁采用底托侧的方式，并通过对拉螺栓对模板进行加固。

三、注意事项

湿接缝施工时，上面横担方木刚度要满足受力要求。

	T形梁横隔板、湿接缝模板说明		图号	6.6.1
BUCG	设计 何辉斌	制图 代明杰	审核	李峤

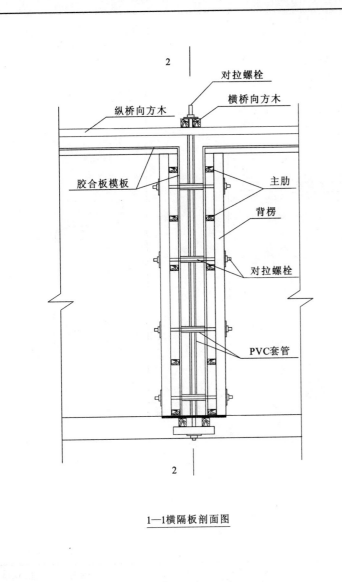

对拉螺栓
横桥向方木
纵桥向方木
胶合板模板
主肋
背楞
对拉螺栓
PVC套管

1—1横隔板剖面图

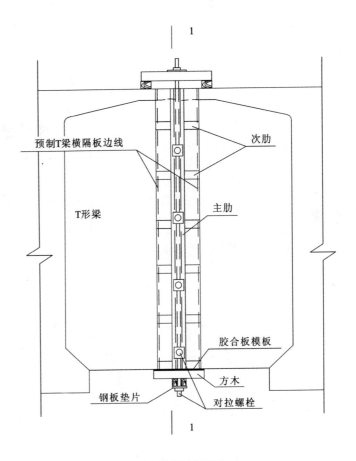

预制T梁横隔板边线
次肋
T形梁
主肋
胶合板模板
钢板垫片
方木
对拉螺栓

2—2横隔板立面图

T形梁横隔板接缝模板图		图号	6.6.2
设计	何辉试	制图 代明杰	审核 李屿

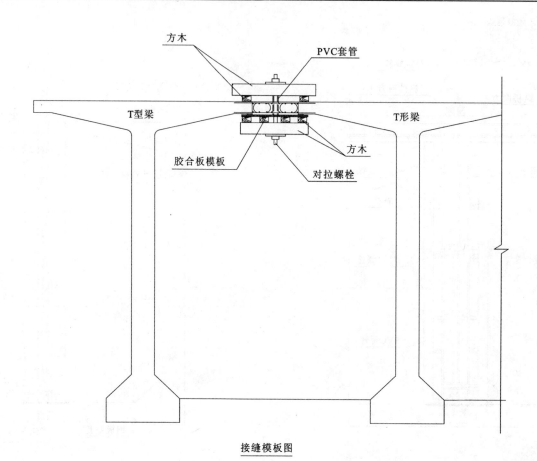

方木

PVC套管

T型梁　　　　　　　　　　　　　　　　　　　　　　T形梁

胶合板模板

方木

对拉螺栓

接缝模板图

注：1.适用于T形梁湿接缝模板；
　　2.对拉螺栓间距根据实际工况计算确定。

	T形梁翼缘板接缝模板图	图号	6.6.3
设计	何辉斌	制图	代明杰	审核	李峰

6.7 桥面附属结构模板

6.7.1 现浇防撞墩模板

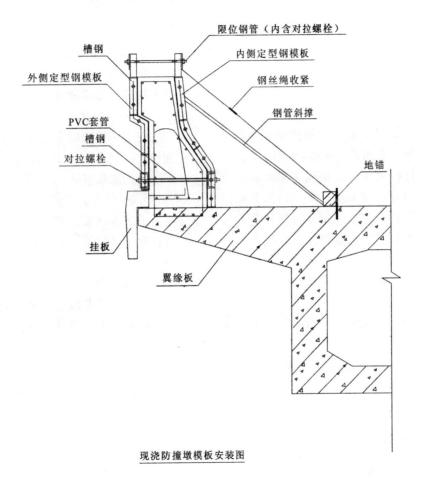

现浇防撞墩模板安装图

	现浇防撞墩模板安装图				图号	6.7.1.1
BUCG	设计		制图	曲鹏	审核	

173

6.7.2 箱梁栏板模板悬吊架

一、适用范围

1. 高架公路及桥梁高度大于0.6m以上的外侧现浇栏板模板安装；

2. 可作为悬挑操作平台使用。

二、技术性能参数

直线段施工用悬吊架长度为5m，5m架下部操作平台为 $5+2\times0.46=5.92$ m，由6榀钢结构架连接而成，每榀架间距1m，通过节点板螺栓连接，现场组装，每榀架相互间采用连梁和斜撑连接，保证架子的整体性。主压架部分连梁采用［10，斜撑和横撑采用 $\phi48$ 钢管；对于弧形段，悬吊架长度为3m，下部操作平台尺寸为 $3+2\times0.46=3.92$ m，由3榀结构架连接而成，连接方式同5m段。

1. 主压架部分：由行走轮、轨道纵横连梁、竖主架和拉杆1、2组成；

2. 悬挑架部分：由主悬挑梁、悬挑拉梁、平台吊杆、平台横梁组成；

3. 平台部分：平台部分由纵梁、防护栏杆管头组成。

三、安装工艺流程

1. 安装主压架

根据安装图纸要求，在箱梁顶部设置轨道，将工厂焊接成型的5榀主压架通过横梁和斜撑相互连接成整体，在配重梁上按设计要求铺设配重。

2. 安装悬挑架

在主压架和配重安装完毕后，将悬挑架和悬挑拉杆通过螺栓连接到主压架上。安装悬挑架之间的连梁和斜撑，保证架子两两形成整体。

3. 安全防护安装

上述步骤安装完毕后，通过平台纵梁将平台连接成整体，并在纵梁预留钢管上设置高度为2.8m的防护架，防护架通过 $\phi48$ 钢管。

4. 安全检查

所有架子安装完毕后进行检查，要求尺寸准确、连接可靠、配重齐全、防护到位。

	栏板模板悬吊架说明		图号	6.7.2.1
BUCG	设计	制图	审核	

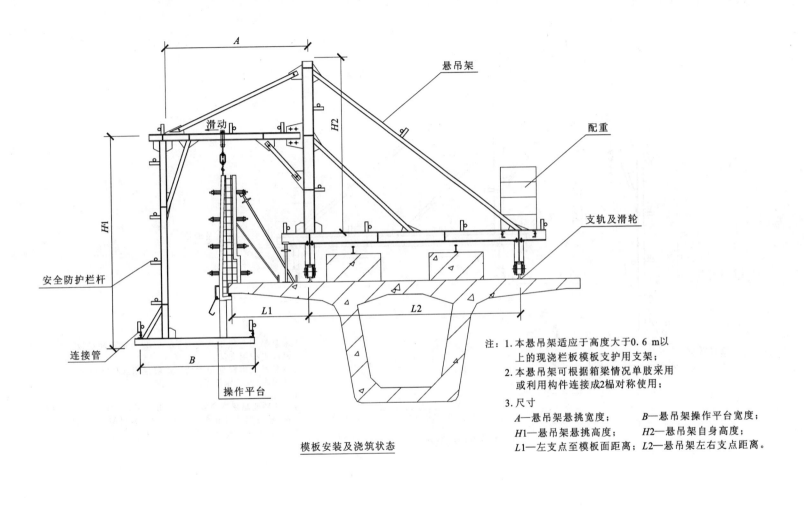

悬吊架

配重

支轨及滑轮

滑动

安全防护栏杆

连接管

操作平台

模板安装及浇筑状态

注：1. 本悬吊架适应于高度大于0.6 m以
上的现浇栏板模板支护用支架；
2. 本悬吊架可根据箱梁情况单肢采用
或利用构件连接成2榀对称使用；
3. 尺寸
A—悬吊架悬挑宽度；　　　B—悬吊架操作平台宽度；
H1—悬吊架悬挑高度；　　　H2—悬吊架自身高度；
L1—左支点至模板面距离；L2—悬吊架左右支点距离。

	栏板模板悬吊架立面图（一）	图号	6.7.2.2
BUCG	设计　映正炳　制图　　　审核		

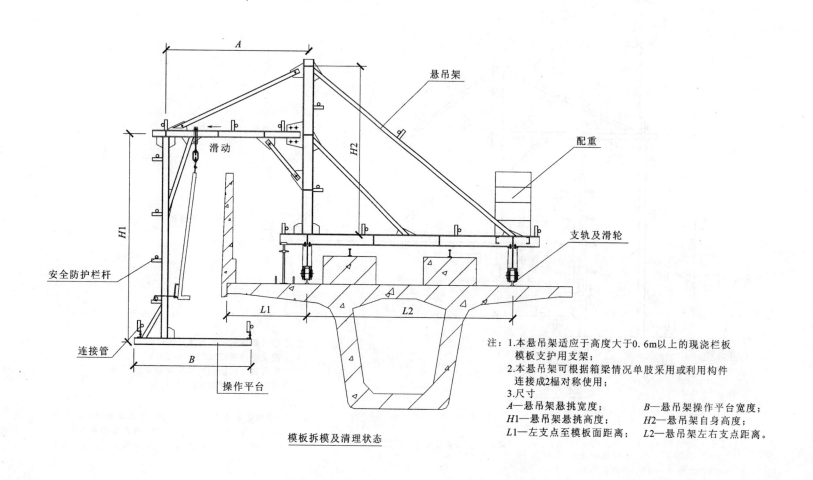

滑动

悬吊架

配重

H2

安全防护栏杆

H1

支轨及滑轮

连接管

B

操作平台

L1

L2

模板拆模及清理状态

注：1.本悬吊架适应于高度大于0.6m以上的现浇栏板
模板支护用支架；

2.本悬吊架可根据箱梁情况单肢采用或利用构件
连接成2榀对称使用；

3.尺寸
A—悬吊架悬挑宽度；　　　B—悬吊架操作平台宽度；
H1—悬吊架悬挑高度；　　　H2—悬吊架自身高度；
L1—左支点至模板面距离；　L2—悬吊架左右支点距离。

	栏板模板悬吊架立面图（二）		图号	6.7.2.3
BUCG	设计 陈正炳	制图	审核	

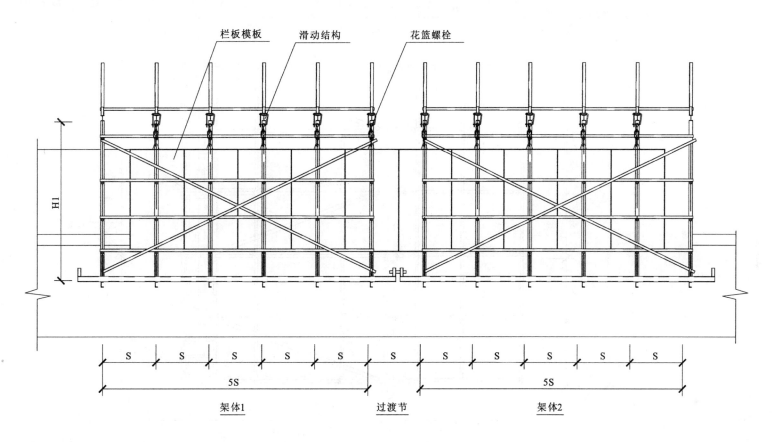

栏板模板　　滑动结构　　花篮螺栓

架体1　　过渡节　　架体2

注：1.本悬吊架为操作用支架，需根据国家相关规
　　　范设置防护架和安全网，保证安全使用需要；
　　2.本悬吊架安装宽度根据现场浇筑速度、S弯
　　　半径和模板配置综合考虑确定。

	栏板模板悬吊架5S单元正立面	图号	6.7.2.4
BUCG	设计　　制图　　审核		

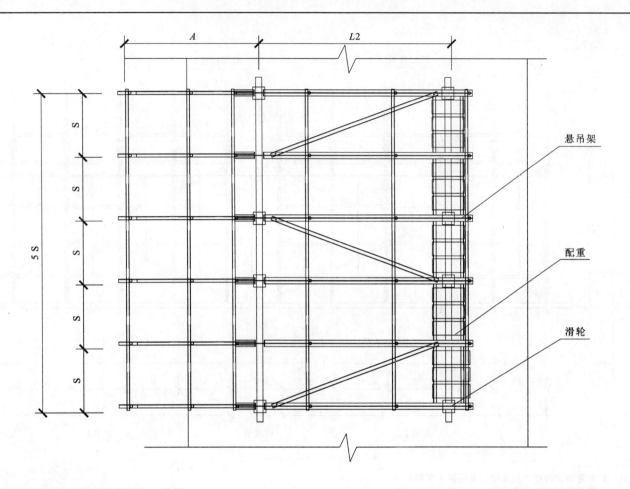

悬吊架

配重

滑轮

注：1.本悬吊架为操作用支架，需根据悬挑宽度、使用
荷载计算所需配重，保证安全使用需要；
2.本悬吊架安装宽度根据现场浇筑速度、S弯半径和
模板配置综合考虑确定。

栏板模板悬吊架5S单元平面图	图号	6.7.2.5
设计	制图	审核

6.8 三角挂篮

6.8.1 三角挂篮说明

一、适用范围

本挂篮模板体系适用于悬臂标准段为 4 米，0 号段位 10 米，最重节混凝土自重不超过 120t 的箱梁施工。本图以 9m 宽箱梁为例，图中标注数字仅供参考。

二、技术参数

1. 挂篮的主要承重构件主桁架、横梁、滑梁均采用双槽钢组合而成的箱型结构。

2. 挂篮的所有吊具均采用四级直径 32mm 的精轧螺纹钢配套 YGM 锚具。

3. 底篮及侧模系统构件连接均采用铰接的方式。

4. 挂篮行走采用人工配合倒链的方式。

5. 所有箱梁模板均采用定型钢模板，其中面板厚 8mm，背楞间距 1m。

三、安装及拆除流程说明

1. 安装：依据 0 号段锚筋布设图，留置的锚筋和预留孔，安装三角挂篮系统，混凝土浇筑完成张拉后，启动行走装置，三角挂篮系统整体前移，完成下一标准段的施工。

2. 拆除：施工完成后，挂篮系统按安装顺序，反之分块拆除。

	三角挂篮说明	图号	6.8.1
BUCG	设计	制图	审核

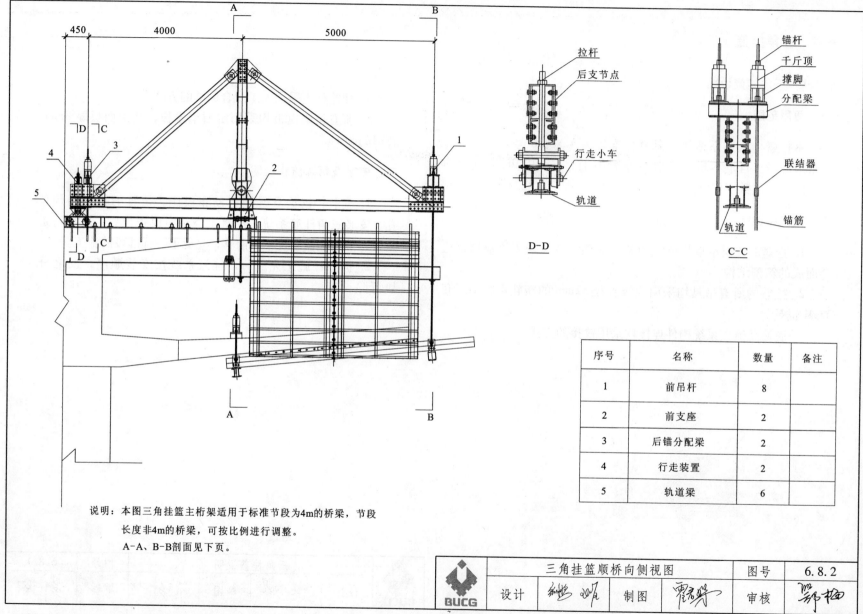

拉杆
后支节点
行走小车
轨道

D-D

锚杆
千斤顶
撑脚
分配梁
联结器
轨道
锚筋

C-C

序号	名称	数量	备注
1	前吊杆	8	
2	前支座	2	
3	后锚分配梁	2	
4	行走装置	2	
5	轨道梁	6	

说明：本图三角挂篮主桁架适用于标准节段为4m的桥梁，节段
长度非4m的桥梁，可按比例进行调整。
A-A、B-B剖面见下页。

	三角挂篮顺桥向侧视图	图号	6.8.2
设计		制图	审核

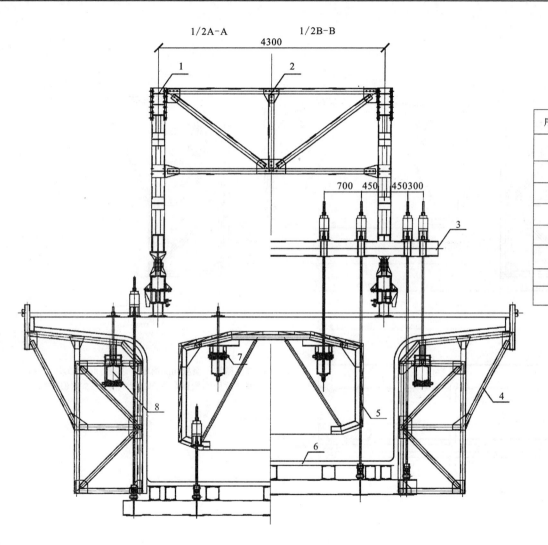

序号	名称	数量	备注
1	主桁架	2	
2	横联	1	
3	前上横梁	1	
4	侧翼模	1	
5	内模	1	
6	底篮结构	1	
7	内滑梁	2	
8	外滑梁	2	

1/2A-A   1/2B-B

4300

700 450 450 300

	三角挂篮横桥向视图	图号	6.8.3
BUCG	设计	制图	审核

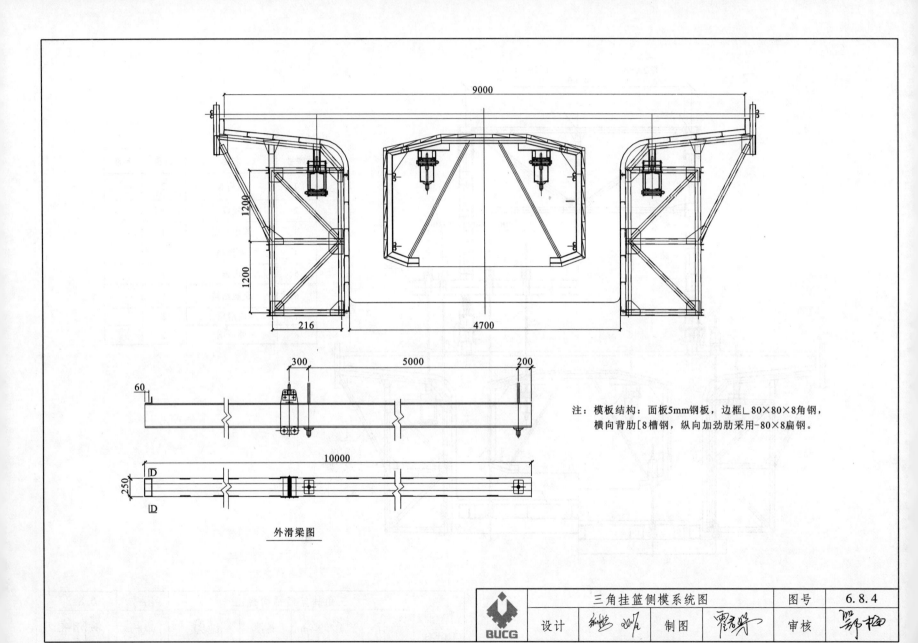

9000

1200

1200

216

4700

300

5000

200

60

注：模板结构：面板5mm钢板，边框∟80×80×8角钢，
横向背肋[8槽钢，纵向加劲肋采用-80×8扁钢。

10000

250

外滑梁图

	三角挂篮侧模系统图		图号	6.8.4
BUCG	设计	制图	审核	

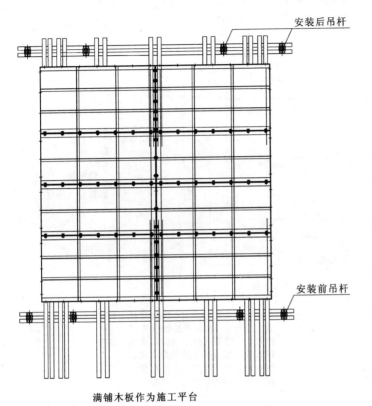

安装后吊杆

安装前吊杆

注：1.纵梁在现场按结构布置尺寸与前后横梁上的
　　　节点板焊接,形成底篮框架再进行模板固定。
　　2.底篮前端张拉平台现场铺设木板，并按安全
　　　要求搭设围栏。
　　3.底模走行时悬吊在外模滑移梁上。

6500

5200

1000

满铺木板作为施工平台

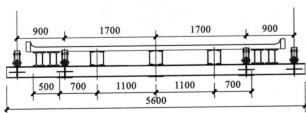

900　　1700　　1700　　900

500　700　1100　1100　700

5600

三角挂篮底篮系统图	图号	6.8.5

| BUCG | 设计 | | 制图 | | 审核 | |

183

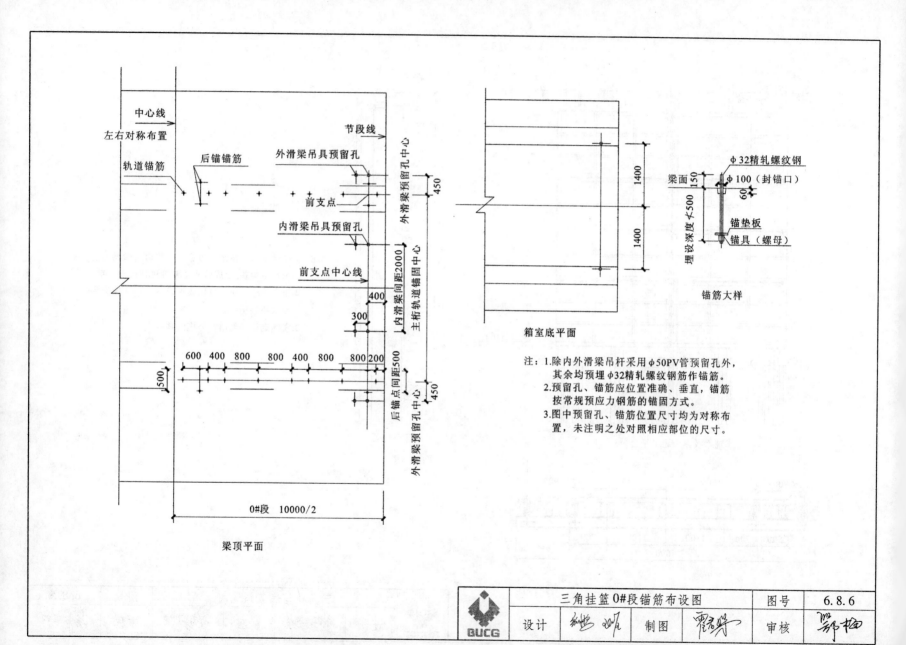

中心线
左右对称布置
轨道锚筋
后锚锚筋
外滑梁吊具预留孔
前支点
外滑梁预留孔中心
内滑梁吊具预留孔
前支点中心线
内滑梁间距2000
主桁轨道锚固中心
外滑梁预留孔中心
节段线
450
450
400
300
600 400 800 800 400 800 800 200
内滑梁间距500
500
后锚点间距500
后锚梁预留孔中心
外滑梁预留孔中心

0#段 10000/2

梁顶平面

箱室底平面

1400
1400

φ32精轧螺纹钢
梁面
φ100（封锚口）
150
60
埋设深度≮500
锚垫板
锚具（螺母）

锚筋大样

注：1.除内外滑梁吊杆采用φ50PV管预留孔外，
　　　其余均预埋φ32精轧螺纹钢筋作锚筋。
　　2.预留孔、锚筋应位置准确、垂直，锚筋
　　　按常规预应力钢筋的锚固方式。
　　3.图中预留孔、锚筋位置尺寸均为对称布
　　　置，未注明之处对照相应部位的尺寸。

三角挂篮0#段锚筋布设图		图号	6.8.6
设计	制图	审核	

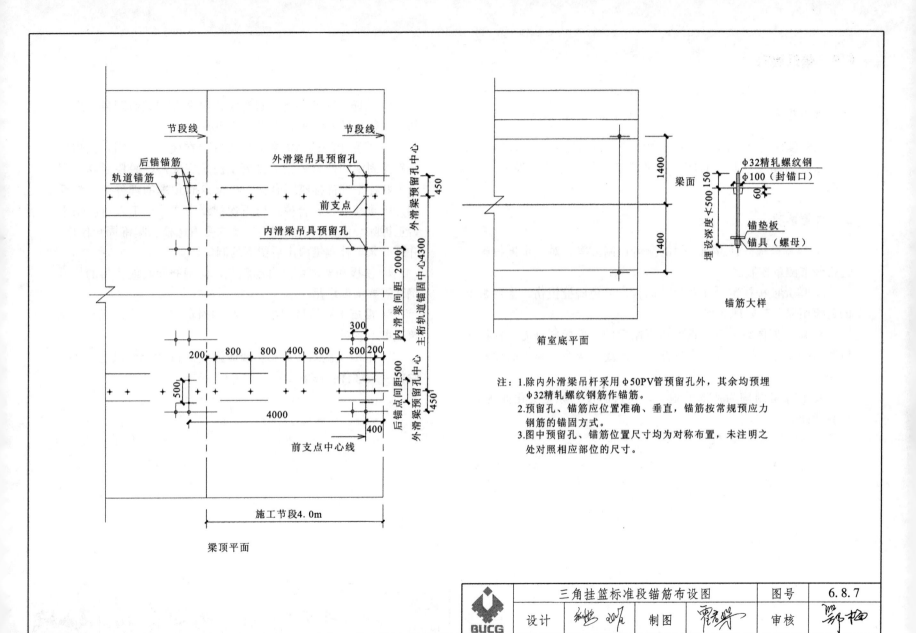

节段线

后锚锚筋

轨道锚筋

外滑梁吊具预留孔

前支点

内滑梁吊具预留孔

节段线

外滑梁预留孔中心

450

外滑梁锚固中心

内滑梁间距 2000

主桁轨道锚固中心4300

300

200 800 800 400 800 800 200

500

4000

400

后锚梁间距500

外滑梁预留孔中心

450

前支点中心线

施工节段4.0m

梁顶平面

1400

梁面

1400

箱室底平面

Φ32精轧螺纹钢

Φ100（封锚口）

60

150

埋设深度≮500

锚垫板

锚具（螺母）

锚筋大样

注：1.除内外滑梁吊杆采用Φ50PV管预留孔外，其余均预埋
　　Φ32精轧螺纹钢筋作锚筋。
　　2.预留孔、锚筋应位置准确、垂直，锚筋按常规预应力
　　钢筋的锚固方式。
　　3.图中预留孔、锚筋位置尺寸均为对称布置，未注明之
　　处对照相应部位的尺寸。

三角挂篮标准段锚筋布设图	图号	6.8.7
设计	制图	审核

BUCG

185

6.9 索塔模板

一、适用范围

索塔爬模主要适用于大型桥梁索塔的混凝土施工。该体系以液压系统为动力，既可直爬，也可斜爬，爬升过程平稳、同步、安全。

二、注意事项

1. 根据模板设计编制专门的测量控制方案，对每步模板施工进行精准测量控制。

2. 单元模板拼装时注意保护面板，避免碰撞损伤，将面板上的钉痕用原子灰处理平整。

3. 爬模架体组装后一直到顶不用拆卸，模板部分需要根据索塔截面的变化进行裁切，一般直面模板裁切两边，异型面模板裁切中间。

4. 在索塔结构为弧形的地方，模板的设计原则为化曲为直，以直代曲。

5. 为防止混凝土施工过程中出现错台和漏浆现象，模板部分一般下包100mm，上部悬挑50mm。

6. 混凝土浇筑前需要将埋件固定在模板上，用对拉螺杆和斜撑固定和调整模板。混凝土浇筑完成后，脱模后移，用受力螺栓把埋件挂座固定在上次浇筑时预埋的埋件上，然后爬升导轨和架体，合模进行下次混凝土浇筑。工人可在吊平台上拆除埋件挂座以及埋件系统的受力螺栓和爬锥周转使用，并用砂浆填补爬锥取出后留下的洞口。

7. 模板和架体可以自动爬升，但钢筋和其他物料的提升仍然需要借助塔吊。

8. 混凝土浇筑过程中要求均匀对称浇筑振捣，混凝土浇筑速度不宜过大。

9. 混凝土浇筑完成后，墙体强度达到10MPa以上，才可脱模安装埋件挂座。

	索塔爬模说明			图号	6.9.1
BUCG	设计	于智刚	制图	于智刚	审核 高海如

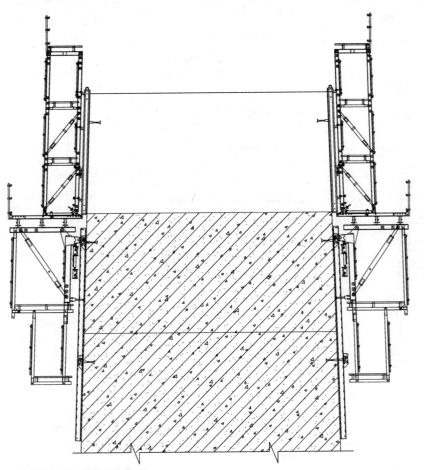

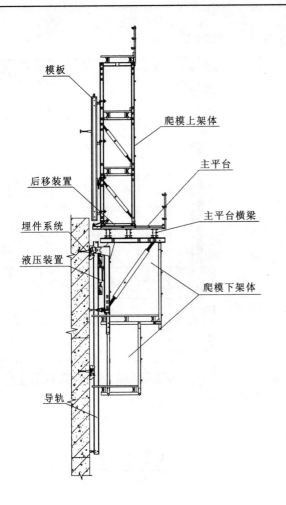

模板

爬模上架体

主平台

后移装置

主平台横梁

埋件系统

液压装置

爬模下架体

导轨

注：爬模的混凝土浇筑流程如下：
  1.混凝土强度达到要求后，拆模，模板后移，安装埋件挂座。
  2.通过液压系统提升导轨和架体，工人在吊平台上拆除下部
    的受力螺栓、埋件挂座和爬锥，以备周转使用。
  3.爬模架体爬升到位后，在模板上预埋埋件系统，合模进行
    下一次混凝土浇筑。

	爬模架体组装及合模浇筑图	图号	6.9.2
BUCG	设计 宇智刚 制图 宇智刚	审核	高城娟

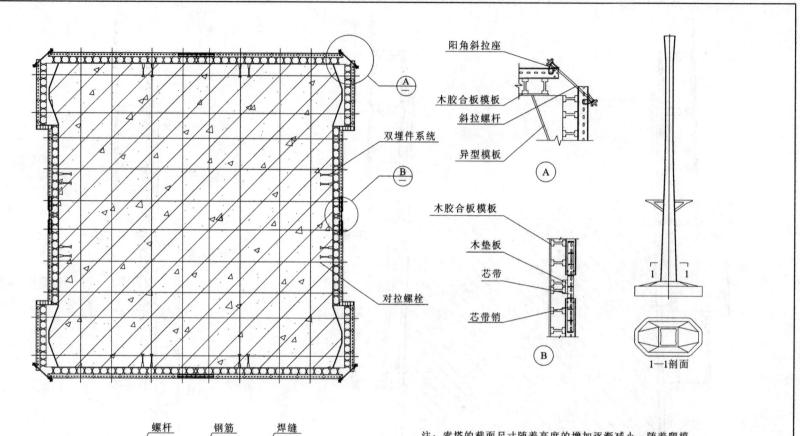

阳角斜拉座

木胶合板模板
斜拉螺杆
异型模板

Ⓐ

双埋件系统

木胶合板模板

木垫板
芯带
芯带销

Ⓑ

1—1剖面

螺杆　　钢筋　　焊缝

锥形接头

对拉螺栓示意图

注：索塔的截面尺寸随着高度的增加逐渐减小，随着爬模
　　的爬升，直面模板逐渐在两侧裁切，异型面模板从中
　　间裁切。

	1—1剖面模板平面布置图	图号	6.9.3
设计	宇智刚	制图 宇智刚	审核 高诚娟

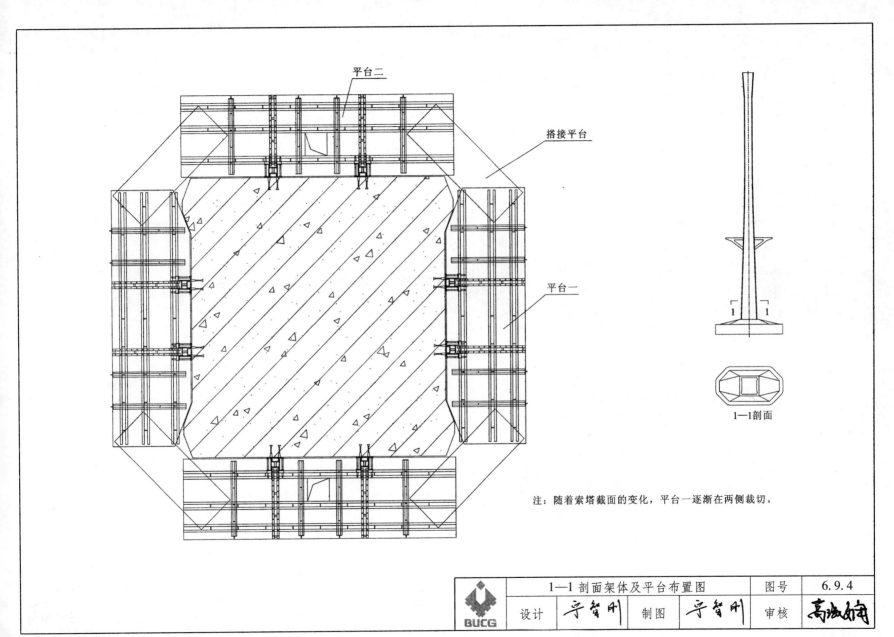

平台二

搭接平台

平台一

1—1剖面

注：随着索塔截面的变化，平台一逐渐在两侧裁切。

1—1剖面架体及平台布置图		图号	6.9.4
设计	宁智刚	制图	宁智刚	审核	高波妇

189

第七章

道路工程模架

7.1 现浇混凝土挡墙模板

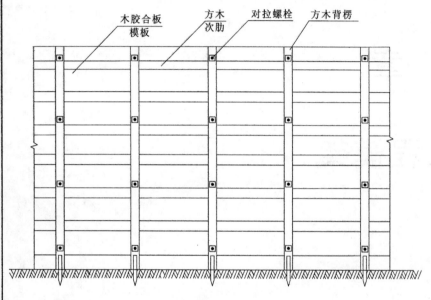

立面图

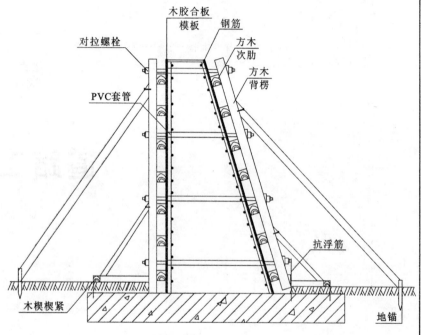

剖面图

现浇混凝土挡墙木模板图			图号	7.1.1
设计	制图	审核		

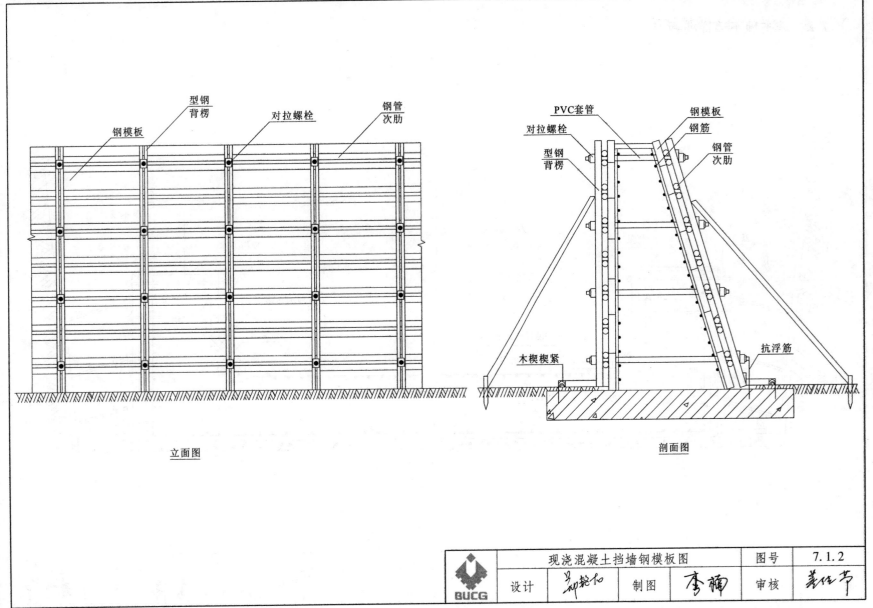

钢模板　　型钢背楞　　对拉螺栓　　钢管次肋

立面图

PVC套管　　钢模板　　钢筋
对拉螺栓
型钢背楞　　　　　　　　钢管次肋

木楔楔紧　　　　　　抗浮筋

剖面图

	现浇混凝土挡墙钢模板图	图号	7.1.2
BUCG	设计	制图	审核

193

7.2 城市地下通道模板

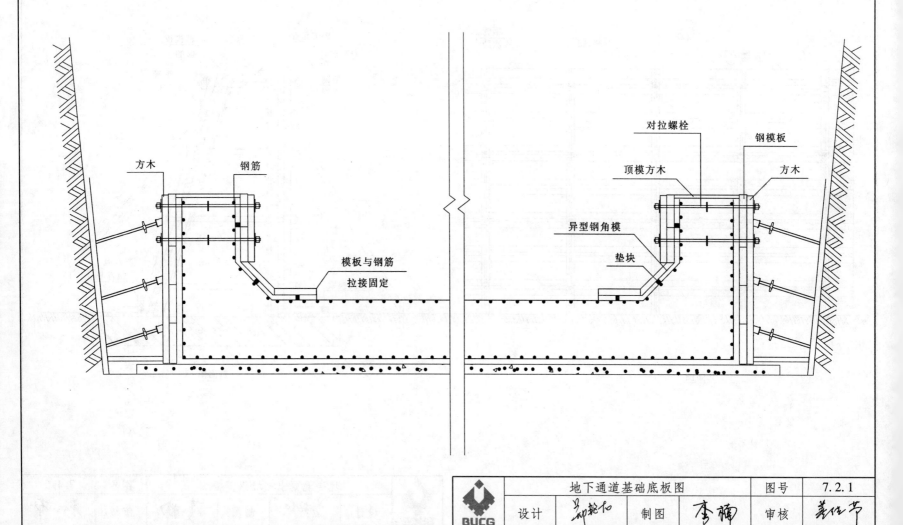

方木　　钢筋　　对拉螺栓　　钢模板

顶模方木　　方木

模板与钢筋拉接固定

异型钢角模

垫块

	地下通道基础底板图	图号	7.2.1
设计	制图	审核	

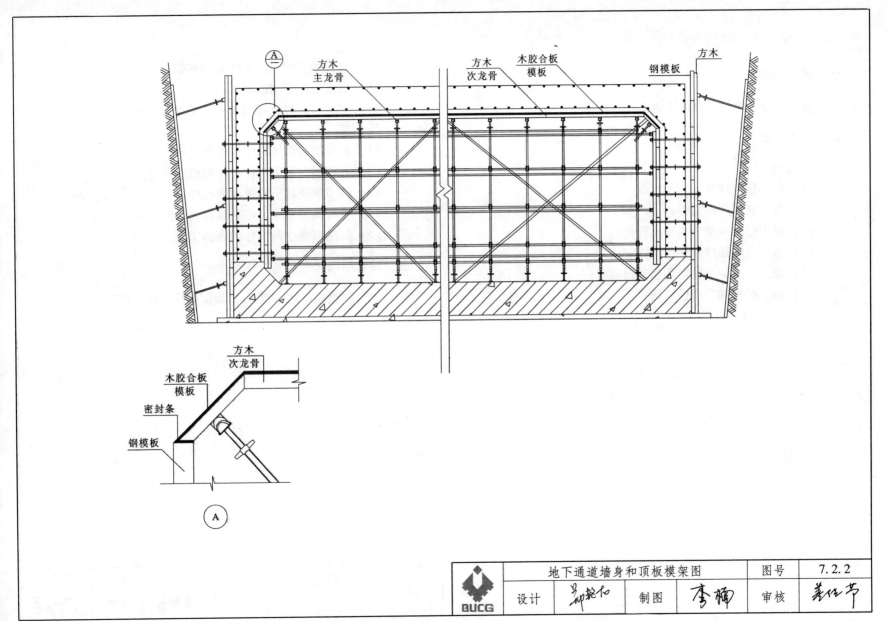

方木
主龙骨

方木
次龙骨

木胶合板
模板

钢模板

方木

方木
次龙骨

木胶合板
模板

密封条

钢模板

Ⓐ

地下通道墙身和顶板模架图		图号	7.2.2
设计	制图	审核	

一、适用范围

适用于城市地下通道模架施工。

二、施工工艺

1. 支模：
（1）移动模架就位；
（2）测量通道底部高程；
（3）设置垫块，调节支座高程；
（4）将压梁与预埋杆件连结固定；
（5）通过液压调节装置调整顶板高程；
（6）调节横杆确定侧板位置；

（7）搭设通道中间部位的碗扣支架；
（8）拼装外侧定制的钢模板；
（9）通过可调对撑将钢模板与支撑面顶牢固。

2. 拆模
（1）将压梁与预埋杆件与模架脱离；
（2）回收横向调节对撑，使侧模脱离墙体；
（3）调节液压调节装置收回撑杆；
（4）松开调节支座，使顶板脱离墙体；
（5）拆除通道中间部位的碗扣支架。

三、注意事项

钢架间距建议 60～90cm，根据具体工况计算确定。

	地下通道移动式模架说明		图号	7.2.3
BUCG	设计 罗建立强	制图 曲鹏	审核	李小专

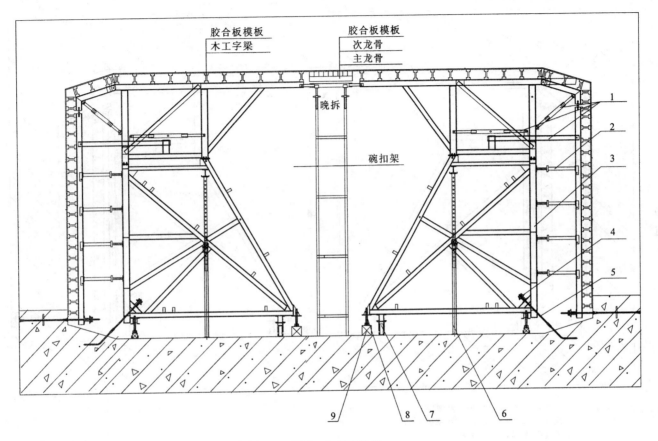

胶合板模板
木工字梁
胶合板模板
次龙骨
主龙骨
晚拆
碗扣架

1
2
3
4
5

9 8 7 6

注：1—液压调节装置；2—调节对撑；3—移动支架；4—压梁；5—预埋拉杆；
　　6—辅助立柱；7—移运脚轮；8—调节支座；9—垫块。

	地下通道移动式模架支模图	图号	7.2.4
BUCG	设计　　　　　制图　　　　　审核		

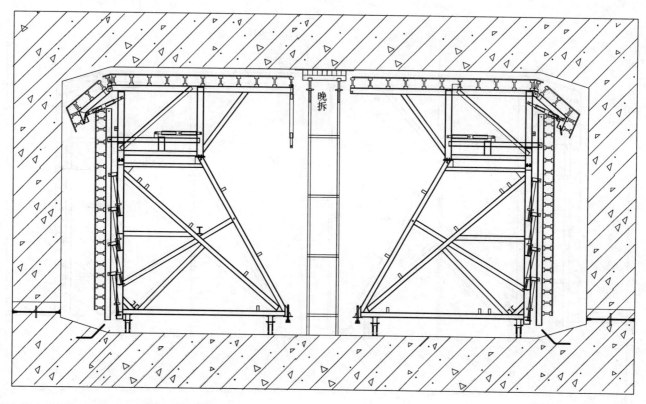

模架拆除顺序：1.先将压梁及预埋拉杆与模架脱离。
　　　　　　　2.回收横向调节对撑，使侧模脱离墙体。
　　　　　　　3.液压调节装置收回撑杆。
　　　　　　　4.松开调节支座，使顶板脱离墙体。
　　　　　　　5.拆除通道中间部位的碗扣支架。

	地下通道移动式模架拆模图		图号	7.2.5
	设计	制图	审核	

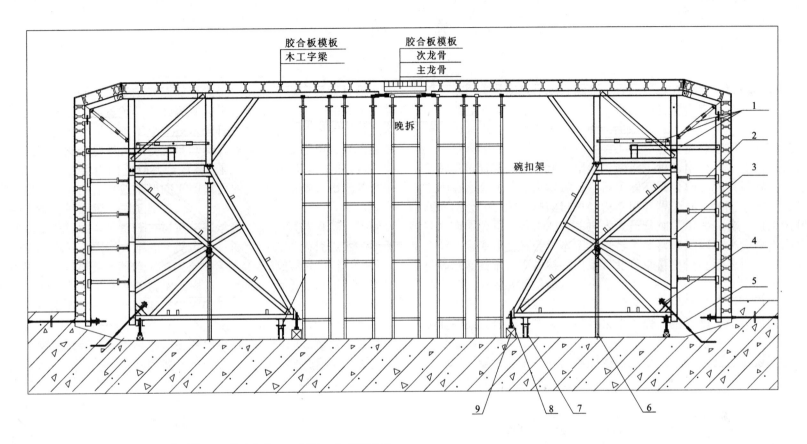

注：1—液压调节装置；2—调节对撑；3—移动支架；4—压梁；5—预埋拉杆；
　　6—辅助立柱；7—移运脚轮；8—调节支座；9—垫块。

	宽体地下通道移动式模架支模图	图号	7.2.6
BUCG	设计　寇志强　制图　曲鹏　审核　李晓春		

199

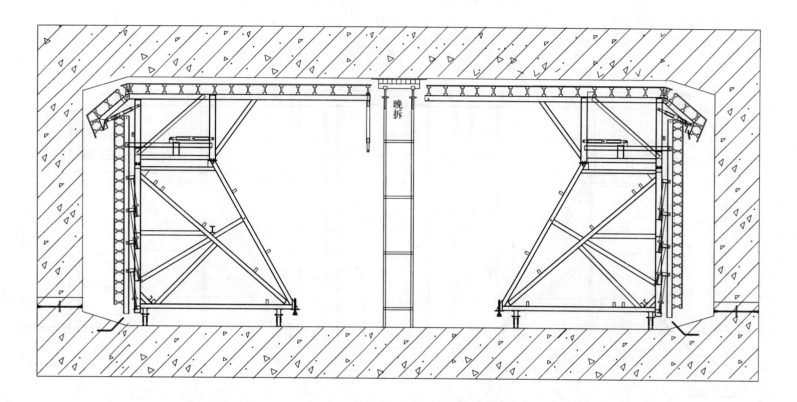

模架拆除顺序：1.先将压梁及预埋拉杆与模架脱离；
　　　　　　　2.回收横向调节对撑，使侧模脱离墙体；
　　　　　　　3.液压调节装置收回撑杆；
　　　　　　　4.松开调节支座，使顶板脱离墙体。
　　　　　　　5.拆除通道中间部位的碗扣支架。

宽体地下通道移动式模架拆模图	图号	7.2.7
设计 宽忠强	制图 曲鹏	审核 李峙

BUCG

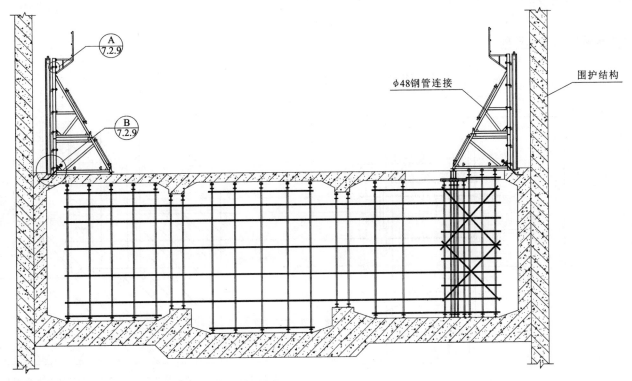

φ48钢管连接

围护结构

Ⓐ
7.2.9

Ⓑ
7.2.9

注：1.单侧墙体支撑架是一种用于单侧墙体混凝土浇筑的模板支架。
施工过程中不设对拉螺杆。适用于地下室外墙、污水处理厂、
地铁、道桥边坡护墙及有防水、防辐射要求的结构混凝土浇筑。
2.地脚螺栓间距、支架间距根据计算确定。
3.地脚螺栓预埋前应对螺纹采取保护措施，用塑料布包裹并绑牢。
4.地脚螺栓预埋后应保证螺纹全部裸露在外面，并在同一直线上。
5.浇筑第二层时，第一层楼板支撑不拆。
6.图中左侧为支架下全部有底板的支撑方式，右侧为底板上有洞
口时的支撑方式。

	单侧墙体支撑架体图		图号	7.2.8
	设计	制图	审核	

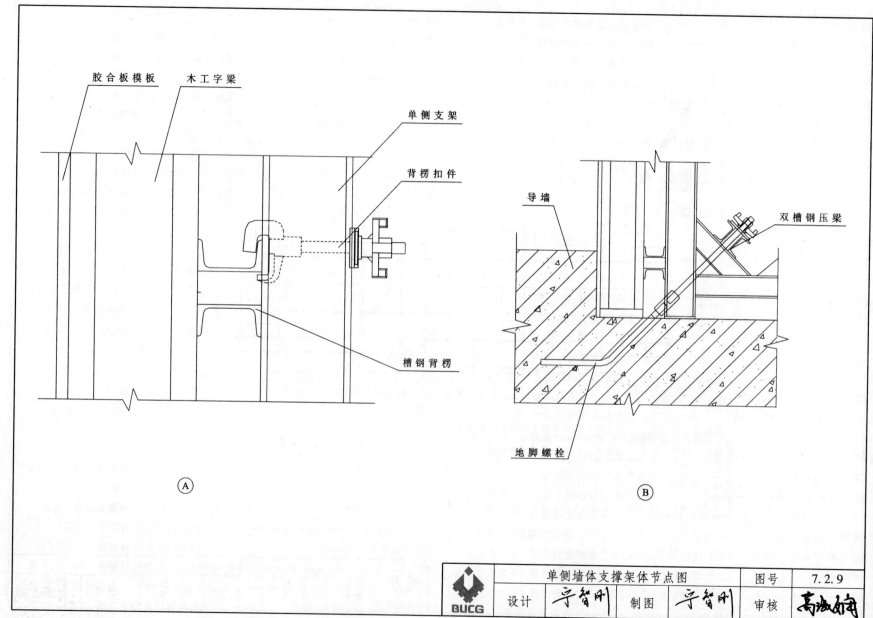

胶合板模板　木工字梁

单侧支架

背楞扣件

槽钢背楞

Ⓐ

导墙

双槽钢压梁

地脚螺栓

Ⓑ

	单侧墙体支撑架体节点图	图号	7.2.9
BUCG	设计　守智刚　制图　守智刚	审核　高城娟	

第八章

隧道工程模板台车

8.1 五心圆断面液压模板台车

一、适用范围

预留导墙地下暗涵工程。

二、主要技术性能参数

1. 模板采用液压系统脱支模，台车采用电驱动。
2. 模板采用分节组装设计。
3. 台车仅起支脱模和运输模板作用，模板单独受力。
4. 混凝土施工时，按规范要求分层均布浇筑，每层浇筑厚度不大于500mm。

5. 模板顶拱设置混凝土灌注孔，以解决模板混凝土灌注长度受到限制的问题。
6. 模板台车的加工满足刚度、质量（国家及地方、地铁规定）及其他要求。

三、施工工艺流程

导墙与底板混凝土施工——测量放线——铺轨——支立内模——支立端模——灌注混凝土——拆除端模——脱内模。

	五心圆断面液压模板台车说明	图号	8.1.1
BUCG	设计	制图	审核

204

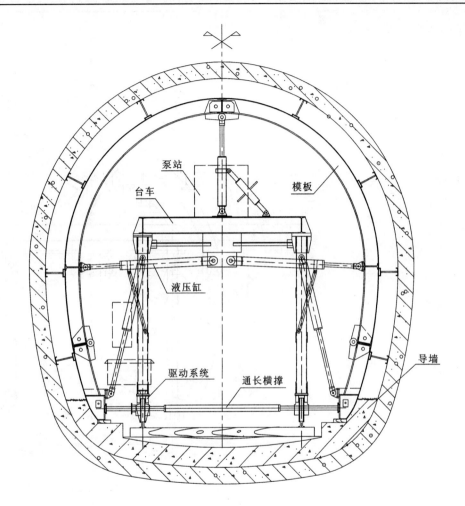

泵站

模板

台车

液压缸

驱动系统　　通长横撑

导墙

注：在第一节标准模板单元安装完成后，利用台车进行第二节标准模板单元的
　　　运输和支模。

五心圆断面液压模板台车安装示意图	图号	8.1.2
设计 　孙闷亚　 制图 　韩亦水	审核	映正炳

205

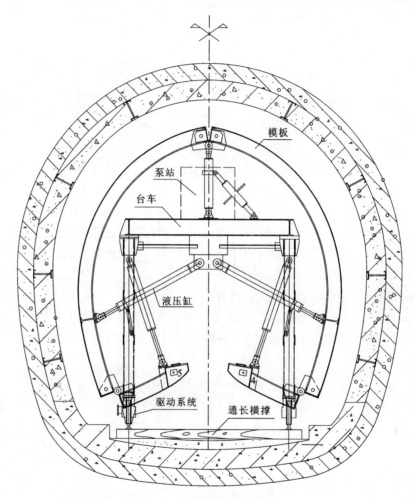

模板

泵站

台车

液压缸

驱动系统   通长横撑

注：在第一节标准模板单元安装完成后，利用台车进行第二节标准模板单元的
　　运输和支模。

五心圆断面液压模板台车拆模示意图	图号	8.1.3

	设计	制图	审核

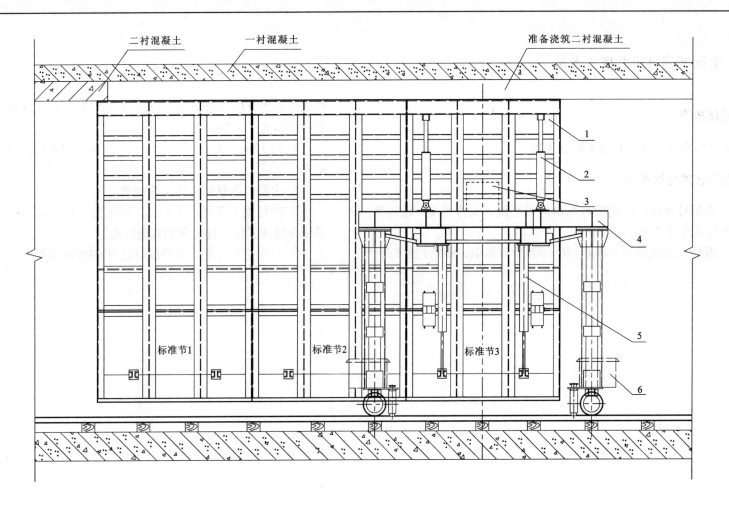

二衬混凝土　　一衬混凝土　　　　　　　　准备浇筑二衬混凝土

标准节1　　　标准节2　　　标准节3

1—模板；2—垂直液压缸；3—泵站；4—台车；5—斜拉液压缸；
6—驱动系统。

五心圆断面液压模板台车运模立面图	图号	8.1.4
设计　　　制图　　　审核		

207

8.2 全圆断面针梁式模板台车

一、适用范围

全圆断面一次性浇筑地下暗涵工程。

二、主要技术性能参数

1. 全圆针梁式液压模板台车由模板系统、支撑系统、液压系统和电气系统四部分组成。

2. 混凝土浇筑侧压力按 $F = 60 \sim 70 \mathrm{kN/m^2}$ 取值，混凝土施工时，按规范要求分层均布浇筑，每层浇筑厚度不大于 500mm，浇筑速度不大于 1.5m/h。

3. 每 12m 为 1 仓，模板台车配置数量根据现场进度要求配置。

4. 全圆断面整体一次浇筑成型。

5. 现场施工简便，工效高，台车的支模、脱模、穿行均采用全液压操作，且台车能双向行走。

6. 台车空车行走，可分段通过 $R = 450m$ 的弧线转弯段。

	全圆断面针梁式液压模板台车说明	图号	8.2.1
BUCG	设计　孙河燕　制图　霍水　审核　陈正炳		

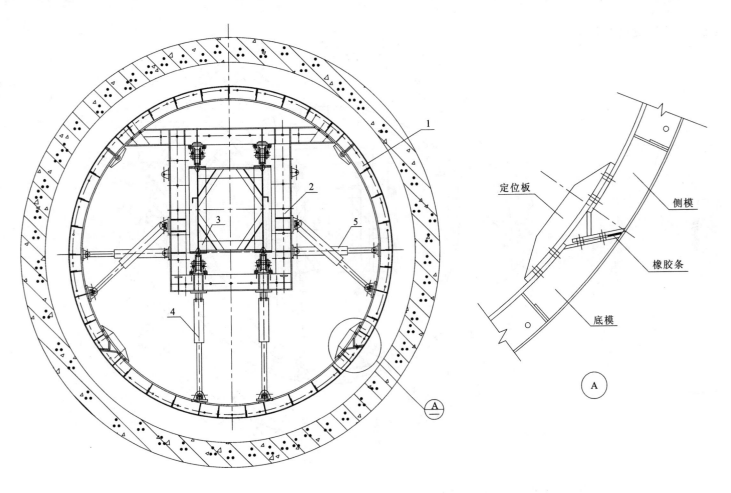

定位板

侧模

橡胶条

底模

Ⓐ

1—模板；2—框梁；3—针梁；4—液压缸；5—丝杠。

	全圆断面针梁式液压模板台车支模图	图号	8.2.2
BUCG	设计 孙润燕 制图	审核	

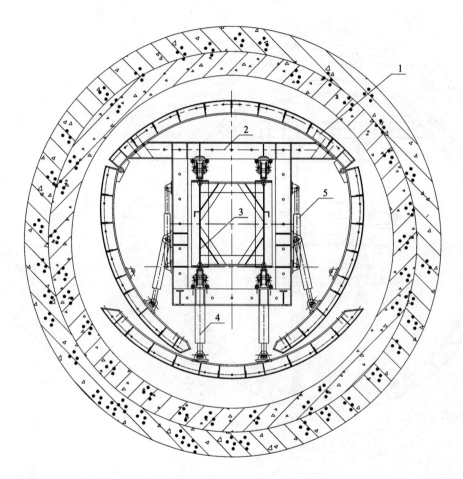

1—模板；2—框梁；3—针梁；4—液压缸；5—丝杠。

	全圆断面针梁式液压模板台车拆模图	图号	8.2.3
BUCG	设计 制图 审核		

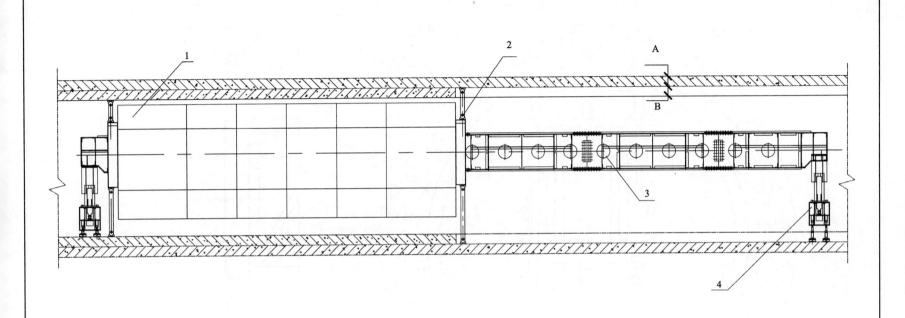

1—模板；2—抗浮装置；3—针梁；4—端支座。

注：A.一衬混凝土厚度；
　　B.二衬混凝土厚度。

全圆断面针梁式液压模板台车立面图	图号	8.2.4
设计	制图	审核

211

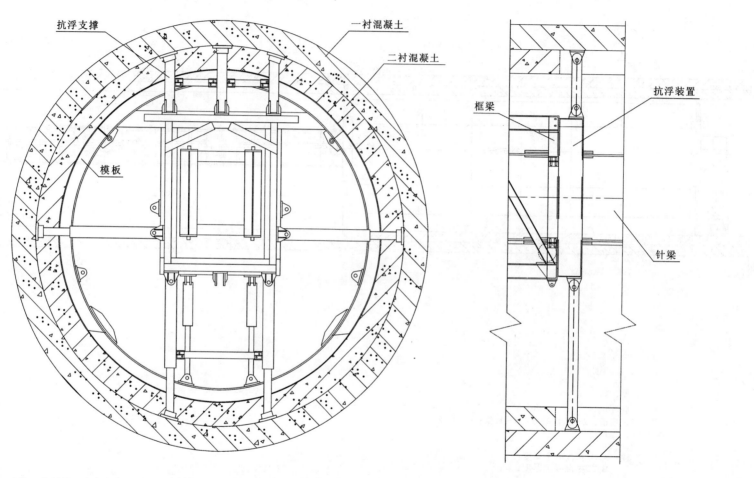

抗浮支撑　　　　　　　　　　　　一衬混凝土

二衬混凝土

模板

抗浮装置

框梁

针梁

注：抗浮装置套在针梁外圈，与框梁连接，通过框梁抵抗混凝土浮力。

	全圆断面针梁式液压模板台车抗浮装置图	图号	8.2.5
BUCG	设计　孙润亚　制图　　　　审核		

第九章

其他市政工程模架

9.1 市政排水工程模板

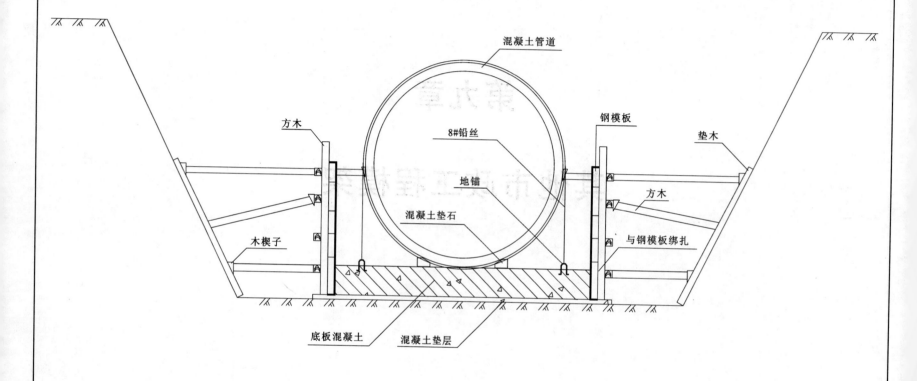

混凝土管道

8#铅丝

地锚

混凝土垫石

方木

钢模板

垫木

方木

木楔子

与钢模板绑扎

底板混凝土

混凝土垫层

注：1.管基内部方木支撑间距均为80cm。
　　2.每根管采用2根铅丝固定。

	现浇混凝土管基半包模板图			图号	9.1.1
BUCG	设计	淘兰美	制图	张大鹏	审核

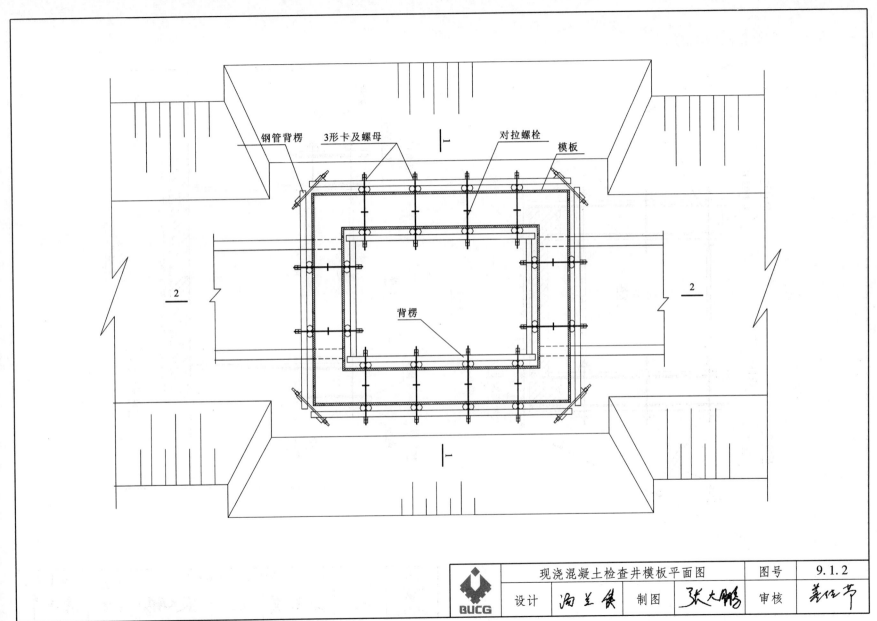

钢管背楞　　3形卡及螺母　　　　　　　　　对拉螺栓　　模板

背楞

现浇混凝土检查井模板平面图	图号	9.1.2
设计　淘兰侠　制图　张大鹏　审核　董伍芹		

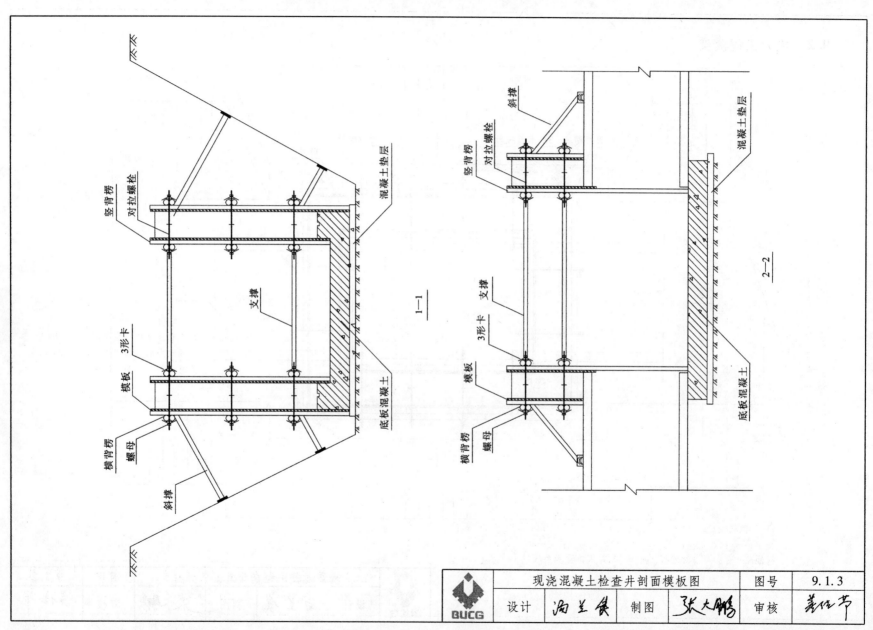

现浇混凝土检查井剖面模板图			图号	9.1.3
设计 淘兰食	制图 张大鹏		审核	

9.2 热力工程模架

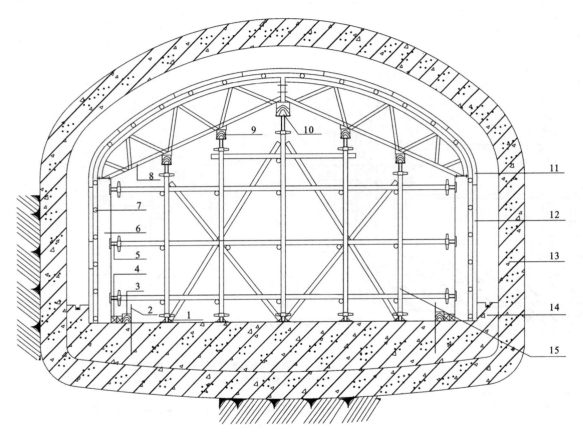

注：1. 隧道墙顶模板在底板混凝土浇筑完成后进行，支搭顺序为由两侧墙体模板开始中部合拢。拆除顺序为先两侧后拱顶。

2. 隧道墙顶模板环向间距为900mm，混凝土注入口两侧缩小为500mm。

1—可调底座；2—地锚；3—方木；4—楔子；5—可调托撑；6—花梁背楞；7—钢管；8—半拱拱架；9—方木；10—方木；11—拱型模板；12—墙体模板；13—初衬混凝土；14—二衬混凝土；15—扣件式钢管脚手架。

热力隧道模板模架图（钢管支撑）		图号	9.2.1
设计	康建新	制图 康建新	审核 董住节

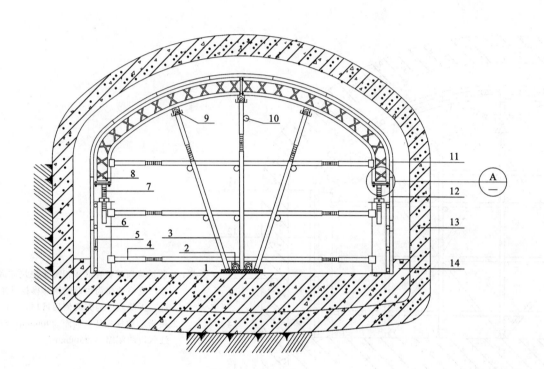

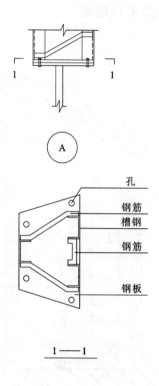

1—底座；2—方木；3—立柱支撑；4—水平顶撑；5—钢管；
6—型钢立柱；7—丝杠；8—拱形支撑；9—方木；10—钢管；
11—拱型模板；12—墙体模板；13—初衬混凝土；14—二
衬混凝土。

注：1. 隧道墙顶模板在底板混凝土浇筑完成后进行，支搭顺
　　　序为由两侧墙体模板开始中部合拢。拆除顺序为先两侧
　　　后拱顶。
　　2. 隧道墙顶模板环向间距为900mm，混凝土注入口两
　　　侧缩小为500mm。

	热力隧道模板模架图（异形支撑）	图号	9.2.2
BUCG	设计　康建新　制图　康建新		审核　董住节

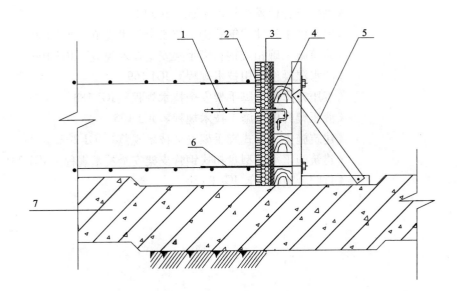

隧道二衬底板伸缩缝支模图

隧道二衬拱墙伸缩缝支模图

1—止水带；2—嵌缝板；3—聚苯板；4—方木；5—方木；
6—拉结钢筋（外侧套丝，内侧与钢筋焊接）；
7—一衬底板混凝土；8—止水带；9—嵌缝板；10—聚苯板；
11—方木；12—扣件式钢管脚手架；13—初衬混凝土；
14—二衬混凝土。

	隧道二衬结构伸缩缝模板图	图号	9.2.3
BUCG	设计　康建新	制图　康建新	审核　蓋住节

附录 模架工程常用的国家、行业标准规范

《木结构设计规范》GB 50005

《建筑结构荷载规范》GB 50009

《混凝土结构设计规范》GB 50010

《钢结构设计规范》GB 50017

《冷弯薄壁型钢结构技术规范》GB 50018

《滑动模板工程技术规范》GB 50113

《混凝土结构工程施工质量验收规范》GB 50204

《钢结构工程施工质量验收规范》GB 50205

《混凝土结构工程施工规范》GB 50666

《碳素结构钢》GB/T 700

《低合金高强度结构钢》GB/T 1591

《混凝土模板用胶合板》GB/T 17656

《建筑工程大模板技术规程》JGJ 74

《钢框胶合板模板技术规程》JGJ 96

《建筑施工扣件式钢管脚手架安全技术规范》JGJ 130

《建筑施工碗扣式钢管脚手架安全技术规范》JGJ 166

《清水混凝土应用技术规程》JGJ 169

《液压升降整体脚手架安全技术规程》JGJ 183

《液压爬升模板施工技术规程》JGJ 195

《建筑施工工具式脚手架安全技术规范》JGJ 202

《建筑施工承插型盘扣式钢管支架安全技术规程》JGJ 231

《竹胶合板模板》JG/T 156